畜产品加工学
实验指导

马惠茹　朱效兵　郭淑文　编著

中国农业出版社
农村读物出版社
北　京

PREFACE 前　言

//////////////////////////

　　畜产品加工是联系畜牧业生产和人民生活必不可少的中间环节，肩负着保障与促进畜牧业发展、满足与提高人民生活水平的双重重任。我国乳类生产仅次于印度和美国，是世界第三大产乳国，2018 年乳制品产量达 2 687 万吨。肉类总产量约占世界总产量的 1/3，是肉类生产和消费大国，2018 年猪、牛、羊、禽肉产量达 8 517 万吨。禽蛋生产量居世界第一，2018 年达 3 000 多万吨。

　　近年来，随着我国国民经济发展、人民生活水平提高以及城市化进程的加速，畜产品消费需求正在由对数量的满足向对质量、安全要求的追求转变。畜产品加工业在全球经济逐渐国际化的大环境下，也需要面对发达国家同类产业的挑战。标准的工艺、现代化的装备以及严密的质量控制体系是提高我国畜产品加工业科技含量和提升产品档次、增强国际竞争力的保障。

　　根据实际生产岗位中对畜产品加工实际工作任务的要求，以职业技能为核心，以生产岗位标准为依据，在分析畜产品加工所需能力的基础上，我们编写了《畜产品加工学实验指导》。本教材在编写过程中结合我国畜产品加工生产实际和特点，力争反映现代畜产品加工科学理论和技术水平，以满足高等院校相关专业师生和畜产品加工企业技术人员的需求。

　　本教材由乳、肉、蛋制品加工三部分构成，共分为 42 个实验。第一部分由马惠茹、郭淑文编写；第二部分、第三部分由朱效兵编写；全书由郭淑文统稿。本教材可作为动物科学专业、食品营养与检测专业、食品质量与安全专业等学生实验教学用书。

本书在编写过程中参考了其他畜产品加工检测标准与专著，在此，向这些文献资料的作者一并致谢！

由于编者水平有限，书中疏漏或不妥之处在所难免，敬请读者和专家批评指正。

编　者

2020 年 4 月

CONTENTS ///////////////////////// 目　录

前言

目　录

Part **01** 第一部分

乳制品加工

项目一　验收原料乳

实验一　乳样的采集和保存

采集乳样是监测工作中非常重要的一步。采取的乳样必须能代表整批乳的特点，否则无论以后的样品处理及检测怎样严格、精确，也将毫无价值。要从大量的被检测物质中抽取能代表整批质量的小样，必须掌握适当的技术，遵守一定的规则，还必须防止样本成分的逸散及被其他物质污染。

一、实验仪器设备

采样工具（搅拌器具、采样勺等）、样品容器（采样袋、采样管、采样瓶等）、温度计、封口膜、记号笔、标签、采样登记表等。

二、操作步骤

（一）采样的准备工作

1. 采样用具　用于化学分析的采样用具必须洗净后干燥。用于微生物检验用的器具，必须清洗后灭菌。灭菌方法根据不同材料与质地，采用国家标准中指定的适当灭菌法。做感官评定的用具可按上述方法之一处理，但用具不应给样品增加滋味和气味。通常要求采样用具为不锈钢制品或玻璃器具。

2. 采样的封装与标贴　采好的样品要密封包装，贴上标签。标签上应注明样品名称、来源、数目、采样日期和编号等内容。

（二）乳样的采集

每个样品采 2 个样，一个为分析样品，另一个为保存样品，当一个样品检测发现错误时，可用保存样品重新测定。

采样前必须用搅拌器在乳中充分搅拌，使乳的组成均匀一致。因乳脂肪的相对密度较小，当乳静止时，乳的上层较下层脂肪含量高。如果乳表面上形成了致密的一层乳油时，应先将附着于容器上的脂肪刮入乳汁中，然后再搅拌。如果有一部分乳已冻结，必须使其全熔化后再搅拌。

取样数量决定于检查的内容，一般只测定酸度和脂肪度时取 50mL 即可。

如做全分析应取乳 200～300mL。取样可采用直径 10mm 镀镍金属管，其长度应比盛乳容器高。若用玻璃管采样，需小心使用，防止玻璃片落入乳中。采样时应将采样管慢慢插入盛乳容器的底部，使在不同深度取样，然后用大拇指紧紧掩住采样管上端的开口，把带有乳汁的管从容器内抽出，将采得的检样注入带有瓶塞的干燥而清洁的玻璃瓶中，并在瓶上贴上标签，注明样品名称、编号等。乳样采集法见图 1-1-1。

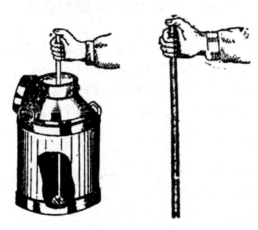

图 1-1-1　用采样器或玻璃管采取乳样的方法

（三）样品的保存

采取的乳样如不能立即进行检查时，必须放入冰箱中保存或加入适当的防腐剂（做细菌学检查时不准加防腐剂），以防止微生物的生长和繁殖。

1. 低温保存法　乳样采取后，如果只需保存 1～2d，则可在 0～5℃的冰箱中快速冷却保存。

2. 添加防腐剂保存法

（1）重铬酸盐保存法　重铬酸盐为强氧化剂，能抑制乳中微生物活动。其方法是用 20% $K_2Cr_2O_7$ 或 10% $Na_2Cr_2O_7$ 溶液。在冬季每 100mL 乳中加入 0.5mL；在夏季每 100mL 乳中加入 0.75mL 即可保存 3～12d。

（2）甲醛保存法　甲醛可与细菌蛋白发生反应，生成甲醛蛋白，使细菌生命活动停止。其方法是用市售福尔马林（含甲醛 37%～40%），每 100mL 乳加入 1～2 滴，即可保存 10～15d。

（3）过氧化氢保存法　过氧化氢的性质不稳定，易分解产生 [O]，使微生物生命活动停止。其方法是用市售过氧化氢（30%～33%），每 100mL 乳加入 2～3 滴，密闭，可保存 6～10d。

三、检测样品的准备

将冷藏的样品置于 15～20℃ 水中，保温 10～15min，然后充分摇匀，待检。

实验二　牛乳的感官检验

感官鉴别乳及乳制品，主要指的是眼观其色泽和组织状态、嗅其气味和尝其滋味，应做到三者并重，缺一不可。正常乳应为乳白色或略带黄色；具有天然的乳香味、稍有甜味、无异味；组织状态呈均匀一致液体，无凝块、无沉淀，无正常视力可见异物。

一、色泽鉴定

将少量乳样倒入白瓷皿中观察其颜色，检查色泽是否是乳白色或略带黄色，是否带有红色、绿色或明显的黄色；加水的乳样，色泽淡白，给人以稀薄感，且稍有透明。

二、气味鉴定

取适量试样置于 50mL 烧杯中，加热，闻其气味是否是乳汁固有的香味，是否有异常气味，如苦、咸、涩和饲料、牛粪、青贮、霉、腥等异常气味。

三、滋味鉴定

用温开水漱口，取少量乳品尝滋味。

四、组织状态鉴定

正常的生鲜乳样应是状态均匀，具有良好流动性的液体，无沉淀、无凝块、不呈黏稠状（在透明的玻璃杯内来回滚动，内壁会留有薄层痕迹）。若乳液混浊，并有棉絮状沉淀物，多为酸败乳。

五、清洁度鉴定

观察乳中是否含有肉眼可见的杂质，如杂草、牛粪、昆虫等。

感官鉴定标准如表 1-2-1 所示。

表 1-2-1　乳的感官鉴定标准

项目	正常生鲜牛乳	异常生鲜牛乳
色泽	乳白色或略带黄色	颜色变化，呈红色、绿色或显著黄色等其他异色
滋味与气味	具有天然的乳香味、稍有甜味、无异味	牛奶中有畜舍味、苦、咸、臭、涩、青贮、发霉等异常气味
组织状态	呈均匀一致液体，无凝块、无沉淀、无异物	牛奶中有凝块或絮状沉淀等异常状态

实验三　乳中干物质含量测定

乳是一种复合体，主要成分有水分、乳脂肪、蛋白质、乳糖和矿物质，还含有微量成分酶类、维生素、气体等。乳中除去水分和气体之外的物质统称为干物质或总固形物，这些干物质依据在水相中的不同分散系统或悬浮或溶解在水中。

一、实验原理

在100℃左右，将样品直接加热干燥，根据所失物质的总量，计算样品中干物质含量。应用本法测定干物质含量的样品应符合下述条件：①样品在100℃左右水分是唯一挥发的物质。②样品中其他组分在加热过程中发生化学反应而引起的质量变化可忽略不计。

二、实验仪器设备

（1）电炉或水浴锅

（2）分析天平　感量0.000 1g。

（3）电热恒温烘箱　可控制温度（100±5）℃。

（4）干燥器　内附有效干燥剂。

（5）称样皿

三、操作步骤

洁净称样皿，在95～105℃烘箱中干燥0.5～1h，取出，再于干燥器中冷却30min，称准至0.000 1g，再烘干30min，同样冷却，称重，直至两次称重之差小于 0.000 2g，即恒重。

用已恒重的称样皿取两份平行试样，每份 5mL，称重，准确至 0.000 1g。置于电炉或水浴锅上加热至无流动液体后（注意：防止样品溢出），擦去皿外水渍。

不盖称样皿盖，在 95～105℃烘箱中干燥 2～3h，盖好称样皿盖，取出，在干燥器中冷却 30min，称重。然后再置于 95～105℃烘箱中干燥 1h，冷却，称重，直至两次称重之差小于 0.000 2g。

四、实验结果计算

$$干物质（\%）=\frac{干物质质量}{样本质量}\times100=\frac{m_2-m_0}{m_1-m_0}\times100$$

式中：m_1 代表 105℃烘干前试样及称样皿重量，g；

　　　m_2 代表 105℃烘干后试样及称样皿重量，g；

　　　m_0 代表已恒重的称样皿重量，g。

每个试样，应取两个平行样进行测定，以其算术平均值为结果。两个平行样测定值相差不得超过 0.2%，否则应重做。

实验四　乳中脂肪含量测定

组成乳的各种物质有着不同的分散度，其中乳糖和大部分盐类呈溶解状态溶于水溶液中；乳脂肪呈很小的脂肪球，散布于乳的水溶液中，呈乳浊液状态；乳蛋白质则以更小的颗粒散布于乳的水溶液中，呈乳胶状态，乳胶状态可使乳中的脂肪球稳定地存在而不相互合并。因此，要分离出乳中脂肪，必须破坏乳的乳胶状态。

实验室测定乳中脂肪含量常用的方法有罗兹-哥特里法、盖勃氏法和巴布科克法。盖勃氏法和巴布科克法测定原理基本相同，只是所用仪器、试剂和硫酸量有所差异。

一、罗兹-哥特里法

（一）实验原理

利用氨-乙醇溶液，破坏乳的胶体性状及脂肪球膜，使非脂成分溶于氨-乙醇溶液中而脂肪游离出来，再用乙醚和石油醚抽提样品的碱水解液，通过蒸馏或蒸发除去溶剂，测定溶于溶剂中的抽提物的质量。

（二）实验试剂和仪器设备

1. 试剂

（1）氨水　质量分数≥25％。

（2）乙醇　体积分数≥95％。

（3）乙醚　不含过氧化物，不含抗氧化剂。

（4）石油醚　沸程30～60℃。

（5）混合溶剂　等体积乙醚和石油醚混合，使用前制备。

（6）刚果红溶液　1g刚果红溶于水中，稀释至100mL。

2. 仪器设备

（1）分析天平　感量为0.000 1g。

（2）移液管

（3）烘箱

（4）水浴锅

（5）脂肪收集瓶

（6）抽脂瓶（带虹吸管）　带有软木塞或其他不影响溶剂使用的瓶塞（如硅胶或聚四氟乙烯）。软木塞应先浸于乙醚中，后放入60～70℃水浴中保持至少15min，冷却后使用。不用时需浸泡在水中，浸泡用水每天更换一次。

（三）操作步骤

1. 脂肪收集瓶的准备　取洁净的烧瓶，放入烘箱中干燥1h（若有水可放入几粒沸石），取出，冷却至室温，称重（精确至0.000 1g），再干燥，冷却，称重，直至恒重。

2. 空白实验　空白实验与样品检验同时进行，使用相同步骤和相同试剂，但用10mL水代替试样。

3. 测定　称取充分混匀试样10g（精确至0.000 1g）于抽脂瓶中，加入2.0mL氨水，充分混合均匀，置于60℃水浴中，加热15～20min（加热时不时取出振荡），取出，冷却至室温。

加入10mL95％乙醇，缓慢但彻底地进行混合（避免液体太接近瓶颈），必要时加入两滴刚果红溶液（使溶剂和水相界面清晰）。加入25mL乙醚，塞上瓶塞，振荡1min，抽脂瓶冷却后小心地打开塞子，用少量的混合溶剂冲洗塞子和瓶颈，使冲洗液流入抽脂瓶。加入25mL石油醚，塞上瓶塞，振荡30s，静置30min，直至上层液澄清时，并明显与水相分离，读取醚层体积。

放出醚层至已恒重的脂肪收集瓶中（避免倒出水层），记录体积，蒸馏回收乙醚，置脂肪收集瓶于95～100℃烘箱中干燥1h，冷却，称重，再干燥

0.5h，冷却，称重，直至恒重。

（四）实验结果计算

$$X = \frac{m_1 - m_0}{m_2 \times \dfrac{V_1}{V_2}} \times 100$$

式中：X 代表每百克样品中脂肪含量，g；

　　　　m_1 代表烧瓶加脂肪质量，g；

　　　　m_0 代表烧瓶质量，g；

　　　　m_2 代表样品质量，g；

　　　　V_1 代表放出乙醚层总体积，mL；

　　　　V_2 代表读取乙醚层总体积，mL。

以重复性条件下获得的两次独立测定结果的算术平均值表示，结果保留三位有效数字。

（五）注意事项

（1）加入乙醇的目的是使一切能被乙醇浸出的物质留在溶液中，并使有些类脂质如卵磷脂等物质溶于乙醇中，避免被乙醚提出。

（2）加入石油醚可去除溶于乙醚中的水分，使分层清晰。

（3）如果二次干燥后的称量值小于前次，则以二次为准。否则以前次为准。

（4）无抽脂瓶时可用容积为 100mL 的具塞量筒替代。本法应注意充分振摇，以便达到抽脂完全，同时需要进行平行实验。

（5）乙醚应不含过氧化物。

二、盖勃氏法

（一）实验原理

硫酸破坏乳的胶质性，使乳中的酪蛋白钙盐形成可溶性的硫酸酪蛋白化合物，减少脂肪球的附着力，同时还可以增加液体的相对密度，使脂肪更容易浮出。

异戊醇促使脂肪从蛋白质中游离出来，并降低脂肪球表面张力，使其结合成脂肪团，60～70℃水浴加热和离心，可使脂肪完全快速分离，然后测定脂肪体积。

（二）实验试剂与仪器设备

1. 试剂

（1）硫酸　相对密度 1.82～1.83g/cm³。

（2）异戊醇　沸点 128～130℃，相对密度 0.809 0～0.811 5g/cm³。

2. 仪器设备

（1）盖勃离心机

（2）盖勃氏乳脂计　最小刻度值为 0.1%。

（3）水浴锅

（4）吸管

（5）量筒

（6）温度计

（三）操作步骤

量取密度为 1.82～1.83g/cm³ 的硫酸 10mL，加入盖勃氏乳脂计中（颈口勿沾湿硫酸）。用吸乳管搅匀乳样后，吸取 11mL 沿壁徐徐注入乳脂计中（不要使其与硫酸混合）。再用吸管吸取 1mL 异戊醇注入乳脂计内。盖好乳脂计塞子，使瓶口向下，同时用布包裹以防冲出，充分摇动，使蛋白质充分溶解（均匀棕色液体）。

将乳脂计放入 65～70℃ 水浴中，保持 5min。然后将乳脂计放入离心机，以 1 000r/min 速度离心 5min。取出，再放入 65～70℃ 水浴中，保持 5min。取出乳脂计，立即读数，即为脂肪的百分数。

测定结束后，吸乳管、乳脂计应立即冲洗干净。先用 35℃ 温水充分冲洗后，再用 55℃、浓度为 0.5% 的热碱水刷洗，最后用温水冲洗干净。

（四）注意事项

（1）勿使硫酸沾到瓶颈口，否则将破坏橡皮塞。

（2）勿使异戊醇沾湿瓶颈。

（3）勿使样液产生气泡。

（4）离心前，用水调节脂肪柱高度，使其容易读数。

（5）在振摇乳脂计时，切记乳脂计必须用干布包住，且手向下振摇，以免液体喷出或乳脂计破损烧伤人体。

三、巴布科克法

（一）实验原理

乳中加入浓硫酸，可将乳脂肪以外的物质，特别是蛋白质溶解，生成可溶性硫酸酪蛋白化合物。同时，使脂肪以外的液体相对密度提高到 1.43g/mL，大于乳脂肪的密度 0.9g/mL，使乳脂肪更易上浮。加硫酸后，还可降低脂肪球稳定性，通过离心、分离，可分离出乳脂肪。

（二）实验试剂与仪器设备

1. 试剂　硫酸，相对密度 $1.82\sim1.83g/cm^3$。

2. 仪器设备

（1）巴氏离心机

（2）巴氏乳脂瓶

（3）水浴锅

（4）吸管

（5）量筒

（6）温度计

（三）操作步骤

先将乳样加热至 20℃，用吸乳管将乳样充分搅匀，然后在其中部吸取 17.6mL 乳样，注入巴氏乳脂瓶中。注入时乳脂瓶应稍倾斜，吸乳管不能全部插入瓶口。

量取密度为 $1.82\sim1.83g/cm^3$ 的硫酸 17.6mL，沿瓶内壁徐徐加入于巴氏乳脂瓶中，并用手指微微转动乳脂瓶，让硫酸把瓶口上的乳汁冲洗入瓶内。注意：硫酸可分几次加入，每次加入少量硫酸后，轻轻摇动乳脂瓶，使已经结块的凝乳全部溶解，直到硫酸完全加入瓶内为止。

加酸完毕，以手指持乳脂瓶颈部作长圆形方向的摇动，使硫酸与乳汁混合均匀，充分发生反应。当溶液呈现咖啡色或樱桃红色时，表明蛋白质已完全溶解，即可停止旋转。

将乳脂瓶于 60~70℃水浴中，保温 15~20min 后，放入离心机内以 1 000r/min 的速度旋转 5min。取出乳脂瓶，向瓶中加入 60~70℃蒸馏水至分离的脂肪层在瓶颈部刻度处，放入离心机再旋转 2min，取出，置于 60~70℃水浴（水的深度与脂肪柱的上端取平）保温 5min，取出，读取脂肪的百分数。

实验五　乳中乳糖含量测定

实验室测定乳中乳糖含量常用的方法有莱因-埃农氏法、高效液相色谱法和比色法。莱因-埃农氏法是将试样经除去蛋白质后，在加热条件下，以次甲基蓝为指示剂，滴定已标定的碱性酒石酸铜溶液，根据样液消耗体积，计算乳糖含量。高效液相色谱法是将试样中的乳糖经提取后，利用高效液相色谱柱分离，用示差折光检测器或蒸发光散射检测器检测，外标法进行定量分析。比色法是以可见光作光源，通过测定乳中乳糖在显色剂作用下生成的橘红色络合物浓度，确定乳糖含量。

一、莱因-埃农氏法

(一) 实验原理

乳糖分子中的醛基具有还原性，碱性酒石酸铜溶液（斐林试剂）与乳糖反应后被氧化，其中的二价铜还原成氧化亚铜。乳样经沉淀剂处理除去蛋白质后，在加热煮沸条件下，以次甲基蓝为指示剂，滴定已标定的碱性酒石酸铜溶液，当二价铜全部被还原后，过量的乳糖还原次甲基蓝，溶液由蓝色变为无色，指示为终点。根据样液消耗的体积，计算乳糖含量。

(二) 实验试剂和仪器设备

1. 试剂

(1) 乙酸铅

(2) 草酸钾

(3) 磷酸氢二钠

(4) 盐酸

(5) 硫酸铜

(6) 浓硫酸

(7) 酒石酸钾钠

(8) 氢氧化钠

(9) 酚酞

(10) 乙醇

(11) 次甲基蓝

(12) 盐酸溶液（1+1）　1体积盐酸与1体积的水混合。

(13) 乙酸铅溶液（200g/L）　称取 200g 乙酸铅，溶于水并稀释至 1 000mL。

(14) 草酸钾-磷酸氢二钠溶液　称取草酸钾 30g，磷酸氢二钠 70g，溶于水并稀释至 1 000mL。

(15) 氢氧化钠溶液（300g/L）　称取 300g 氢氧化钠，溶于水并稀释至 1 000mL。

(16) 碱性酒石酸铜溶液（斐林试剂）

A. 甲液　称取 34.639g 硫酸铜，溶于水，加入 0.5mL 浓硫酸，加水至 500mL。

B. 乙液　称取 173g 酒石酸钾钠及 50g 氢氧化钠溶解于水中，稀释至

500mL，静置 2d 后过滤。

（17）乳糖溶液　称取预先在（94±2）℃烘箱中干燥 2h 的乳糖标样约 0.75g（精确至 0.000 1g），用水溶解并定容至 250mL。

（18）蔗糖溶液　称取在（105±2）℃烘箱中干燥 2h 的蔗糖约 0.2g（精确至 0.000 1g），用 50mL 水溶解，转入 100mL 容量瓶中，加水 10mL，再加入 10mL 盐酸，置于 75℃ 水浴锅中，时时摇动，使溶液温度在 67.0～69.5℃，保温 5min，冷却后，加入 2 滴酚酞溶液，用氢氧化钠溶液调至微粉色，用水定容至刻度。

（19）酚酞溶液（5g/L）　称取 0.5g 酚酞溶于 100mL 体积分数为 95％乙醇中。

（20）次甲基蓝溶液（10g/L）　称取 1g 次甲基蓝溶于 100mL 水中。

2. 仪器设备

（1）天平　感量 0.000 1g。

（2）电炉　可控制温度。

（3）酸式滴定管

（4）容量瓶

（5）三角瓶

（6）量筒

（三）操作步骤

1. 乳糖标定碱性酒石酸铜溶液　将乳糖溶液注入 50mL 酸式滴定管中，待滴定。

预滴定　吸取碱性酒石酸铜溶液甲液、乙液各 5mL（甲液注入乙液，使甲液乙液混合后生成的 CuO 溶解），置于 250mL 三角瓶中，加入 20mL 蒸馏水，放入几粒玻璃珠，从滴定管中放出 15mL 乳糖溶液于三角瓶中，置于电炉上加热，控制在 2min 内加热至沸腾，保持沸腾状态 15s，加入 3 滴次甲基蓝溶液，继续滴定至溶液蓝色完全褪尽即为终点（保持沸腾状态下滴定），记录消耗乳糖溶液的体积。

精确滴定　吸取碱性酒石酸铜溶液甲液、乙液各 5mL（甲液注入乙液），置于 250mL 三角瓶中，再加入 20mL 蒸馏水，放入几粒玻璃珠，加入比预滴定量少 0.5～1.0mL 的乳糖溶液，置于电炉上加热，使其在 2min 内沸腾，保持沸腾状态 2min，加入 3 滴次甲基蓝溶液，以每 2s 1 滴的速度徐徐滴入（保持沸腾状态下滴定），溶液蓝色完全褪尽即为终点，记录消耗溶液的体积。同法平行操作 3 次，取其平均值，按下式计算。

$$A_1 = \frac{V_1 \times m_1 \times 1\,000}{250} = 4 \times V_1 \times m_1$$

$$f_1 = \frac{4 \times V_1 \times m_1}{AL_1}$$

式中：A_1 代表实测乳糖数，mg；

V_1 代表滴定时消耗乳糖溶液的体积，mL；

m_1 代表称取乳糖的质量，g；

f_1 代表碱性酒石酸铜溶液的乳糖校正值；

AL_1 代表由乳糖溶液滴定消耗体积（mL），查表 1-5-1 所得的乳糖
质量，mg。

表 1-5-1　乳糖及转化糖因数表（10mL 碱性酒石酸铜溶液）

滴定量（mL）	乳糖（mg）	转化糖（mg）	滴定量（mL）	乳糖（mg）	转化糖（mg）
15	68.3	50.5	33	67.8	51.7
16	68.2	50.6	34	67.9	51.7
17	68.2	50.7	35	67.9	51.8
18	68.1	50.8	36	67.9	51.8
19	68.1	50.8	37	67.9	51.9
20	68.0	50.9	38	67.9	51.9
21	68.0	51.0	39	67.9	52.0
22	68.0	51.0	40	67.9	52.0
23	67.9	51.1	41	68.0	52.1
24	67.9	51.2	42	68.0	52.1
25	67.9	51.2	43	68.0	52.2
26	67.9	51.3	44	68.0	52.2
27	67.8	51.4	45	68.1	52.3
28	67.8	51.4	46	68.1	52.3
29	67.8	51.5	47	68.2	52.4
30	67.8	51.5	48	68.2	52.4
31	67.8	51.6	49	68.2	52.5
32	67.8	51.6	50	68.3	52.5

2. 乳糖的测定

（1）试样处理　称取 19.5～20.5g 乳样（精确至 0.000 1g），用 50mL 水

分数次溶解并洗入 250mL 容量瓶中。慢慢加入 4mL 乙酸铅溶液、4mL 草酸钾-磷酸氢二钠溶液，振荡容量瓶，用水稀释至刻度，摇匀静置数分钟。

用干燥滤纸过滤，弃去最初 25mL 滤液后，所得滤液做滴定用。

（2）滴定

预滴定　吸取碱性酒石酸铜溶液甲液、乙液各 5mL（甲液注入乙液），置于 250mL 三角瓶中，加入 20mL 蒸馏水，放入几粒玻璃珠，从滴定管中放出 15mL 样液于三角瓶中，置于电炉上加热，控制在 2min 内加热至沸腾，保持沸腾状态 15s，加入 3 滴次甲基蓝溶液，继续滴定至溶液蓝色完全褪尽即为终点（保持沸腾状态下滴定），记录消耗样液的体积。

精确滴定　吸取碱性酒石酸铜溶液甲液、乙液各 5mL（甲液注入乙液），置于 250mL 三角瓶中，再加入 20mL 蒸馏水，放入几粒玻璃珠，加入比预滴定量少 0.5～1.0mL 的样液，置于电炉上，使其在 2min 内沸腾，维持沸腾状态 2min，加入 3 滴次甲基蓝溶液，以每 2s 1 滴的速度徐徐滴入（保持沸腾状态下滴定），溶液蓝色完全褪尽即为终点，记录消耗样液的体积。

（四）实验结果分析

试样中乳糖含量按下式计算：

$$X = \frac{F_1 \times f_1 \times 0.25 \times 100}{V_1 \times m}$$

式中：X 代表每百克试样中乳糖的质量分数，g；

$\quad\quad$ F_1 代表由滴定消耗样液体积（mL），查表 1-5-1 所得的乳糖质量，mg；

$\quad\quad$ f_1 代表碱性酒石酸铜溶液乳糖校正值；

$\quad\quad$ V_1 代表滴定消耗样液体积，mL；

$\quad\quad$ m 代表试样的质量，g。

结果以重复性条件下获得的两次独立测定结果的算术平均值表示，结果保留三位有效数字。在重复性条件下获得的两次独立测定结果的绝对差值不得超过算术平均值的 1.5%。

本法检出限量为每百克样品 0.4g。

二、高效液相色谱法

（一）实验原理

乳样中乳糖经提取后，利用高效液相色谱柱分离，用示差折光检测器或蒸发光散射检测器检测，外标法进行定量。

(二) 实验试剂和仪器设备

1. 试剂

(1) 乙腈

(2) 乙腈　色谱纯。

(3) 标准溶液

乳糖标准贮备液 (20mg/mL)　称取在 (94±2)℃烘箱中干燥 2h 的乳糖标样 2g (精确至 0.000 1g)，溶于水并稀释至 100mL。放置于 4℃冰箱中，待用。

乳糖标准工作液　分别吸取乳糖标准贮备液 0、1、2、3、4、5mL 于 10mL 容量瓶中，用乙腈定容至刻度。配成乳糖标准系列工作液，浓度分别为 0、2、4、6、8、10mg/mL。

2. 仪器设备

(1) 天平　感量 0.000 1g。

(2) 高效液相色谱仪　带示差折光检测器或蒸发光散射检测器。

(3) 超声波振荡器

(三) 操作步骤

1. 试样处理　称取乳样 2.5g (精确至 0.000 1g) 于 50mL 容量瓶中，加入 15mL 50～60℃水溶解，置于超声波振荡器中振荡 10min。然后用乙腈定容至刻度，静置数分钟，过滤。

取 5.0mL 过滤液转移至 10mL 容量瓶中，用乙腈定容，通过 0.45μm 滤膜过滤，滤液供色谱分析。

2. 测定

(1) 色谱条件

色谱柱　氨基柱 4.6mm×250mm，5μm，或具有同等性能的色谱柱；

流动相　乙腈-水＝70＋30；

流速　1mL/min；

柱温　35℃；

进样量　10μL；

示差折光检测器条件　温度 33～37℃；

蒸发光散射检测器条件　飘移管温度 85～90℃；气流量 2.5L/min；撞击器关。

(2) 制作标准曲线　将标准系列工作液分别注入高效液相色谱仪中，测定相应的峰面积或峰高，以峰面积或峰高为纵坐标，以标准工作液的浓度为横坐标绘制标准曲线。

（3）测定试样　将试样溶液注入高效液相色谱仪中，测定峰面积或峰高，从标准曲线中查得试样溶液中乳糖的浓度。

（四）实验结果分析

试样中乳糖的含量按下式计算：

$$X = \frac{c \times V \times 100 \times n}{m \times 1\,000}$$

式中：X 代表每百克试样中乳糖含量，g；

c 代表样液中乳糖的浓度，mg/mL；

V 代表试样定容体积，mL；

n 代表样液稀释倍数；

m 代表试样质量，g。

结果以重复性条件下获得的两次独立测定结果的算术平均值表示，结果保留三位有效数字。在重复条件下获得的两次独立测定结果的绝对差值不得超过算术平均值的 5%。

本法检出限为每百克样品 0.3g。

三、比色法

（一）实验原理

乳中的乳糖经沉淀后，在显色剂（苯酚、氢氧化钠、苦味酸和亚硫酸氢钠）作用下生成橘红色络合物，在波长 520nm 处有最大的吸收，用标准乳糖含量可计算出样液中的乳糖含量。

（二）实验试剂和仪器设备

1. 试剂

（1）氢氧化钡

（2）硫酸锌

（3）苯酚

（4）氢氧化钠

（5）三硝基苯酚（苦味酸）

（6）亚硫酸氢钠

（7）沉淀剂　4.5% 的氢氧化钡溶液、5% 的硫酸锌溶液。

（8）显色剂　1% 苯酚溶液、5% 氢氧化钠溶液、1% 苦味酸溶液、1% 亚硫酸氢钠溶液，按 1∶2∶2∶1 的体积比配制，保存于棕色瓶中，有效期 2d。

（9）乳糖标准溶液 称取预先经 100℃烘箱中干燥至恒重的乳糖标样 1g（精确至 0.000 1g），用水溶解并定容至 1 000mL，此溶液浓度为 1mg/mL。

2. 仪器设备

（1）天平 感量 0.000 1g。

（2）离心机

（3）分光光度计

（4）吸管

（5）容量瓶

（三）操作步骤

1. 试样处理 准确吸取 2mL 乳样，用水溶解后转移至 100mL 容量瓶中，用水稀释至刻度，摇匀。吸取 2.5mL 乳样稀释液，转移至离心管中，加入 5％硫酸锌溶液 2mL 和 4.5％氢氧化钡溶液 0.5mL，用玻璃棒轻轻搅拌后，置于 2 000r/min 的离心机中离心 2min，所得上层澄清液为样品待测溶液。

2. 绘制标准曲线 准确吸取乳糖标准溶液 0、0.2、0.4、0.6、0.8 和 1.0mL，分别移入 25mL 比色管中，加入 2.5mL 显色剂，盖塞，在沸水中加热 6min，取出，冷水中冷却，加水稀释至刻度，置于 520nm 测定吸光度，绘制标准曲线。

3. 测定试样 准确吸取 1.0mL 经离心澄清后的试样溶液，移入 25mL 比色管中，加入 2.5mL 显色剂，盖塞，在沸水中加热 6min，取出，冷水中冷却，加水稀释至刻度，置于 520nm 测定样液吸光度，由标准曲线计算乳糖含量。

（四）实验结果分析

乳样中乳糖含量按下式计算：

$$X = \frac{M_1}{M_2} \times 100\%$$

式中：X 代表乳样中乳糖含量，％；

M_1 代表测定用样液中乳糖质量，mg；

M_2 代表测定用样液相当于样品的质量，mg。

结果以重复性条件下获得的两次独立测定结果的算术平均值表示，结果保留三位有效数字。在重复条件下获得的两次独立测定结果的绝对差值不得超过算术平均值的 5％。

实验六　乳中蛋白质含量测定

蛋白质是食品含氮物质的主要形式，每一种蛋白质都有其恒定的含氮量。

由于蛋白质组成及其性质的复杂性，在食品分析中，通常用凯氏定氮法测定食品中蛋白质含量，即用实验方法测得某样品中的含氮量后，通过一定的换算系数，计算该样品的蛋白质含量。一般食品中蛋白质的含氮量为16%，即1份氮素相当于6.25份蛋白质，因此换算系数为6.25。不同种类食物其蛋白质的换算系数不同，乳及乳制品为6.38，大豆及其制品为5.17。

一、实验原理

乳中有机物在还原性催化剂（$CuSO_4$和K_2SO_4或Na_2SO_4）的帮助下，用浓硫酸进行消化，使蛋白质和其他有机态氮转变成$(NH_4)_2SO_4$，而非含氮物质则以CO_2、H_2O、SO_2状态逸出。消化液在浓碱的作用下进行蒸馏使氨逸出，用硼酸溶液吸收结合成为四硼酸铵，然后以溴甲酚绿-甲基红作指示剂，用0.1mol/L的HCl标准溶液滴定，测出氮的含量，将结果乘以换算系数6.38，即为乳中粗蛋白质的含量。

二、实验试剂和仪器设备

（一）试剂

（1）硫酸

（2）硫酸铜

（3）硫酸钾

（4）2%硼酸溶液　称取20g硼酸，加水溶解，稀释至1 000mL。

（5）混合指示剂　1份溶于95%乙醇的0.1%甲基红乙醇溶液与5份溶于95%乙醇的0.1%溴甲酚绿乙醇溶液混合。

（6）0.1mol/L盐酸标准溶液

（7）40%氢氧化钠溶液　称取40g氢氧化钠加水溶解后，冷却，并稀释至100mL。

（8）蔗糖

（二）仪器设备

（1）电子天平　感量0.000 1g。

（2）消煮装置

（3）凯氏微量定氮仪

（4）凯氏蒸馏装置

（5）凯氏烧瓶

（6）锥形瓶

(7) 容量瓶

(8) 酸式滴定管

(9) 电炉

(10) 烧杯

(11) 量筒

三、操作步骤

1. 样品制备　差减法称量样品：用小烧杯称取 10～20g 试样，准确至 0.000 1g，慢慢倒入消煮管（尽量不挂壁），称取空烧杯重量，准确至 0.000 1g，两次称重之差即为样品重量。

2. 试样消煮　乳样中加入 5.5g 混合催化剂（0.5g 硫酸铜和 5g 无水硫酸钾或硫酸钠，磨碎混匀），与试样混合均匀，再慢慢加入硫酸 20mL（防止飞溅），在消化炉上加热，开始小火（防止泡沫溢出），待样品焦化、泡沫消失，再加强火力（360～410℃）直至溶液呈透明淡绿色，继续消化 30min，冷却。

3. 定容　上述试样的消煮液加蒸馏水 20mL 转入 100mL 容量瓶，用水冲洗三次消化管，洗涤液转入容量瓶，用蒸馏水定容至刻度，摇匀，为试样分解液。

4. 蒸馏　取 2% 硼酸溶液 20mL 于三角瓶，加 2 滴混合指示剂，使半微量蒸馏装置的冷凝管末端浸入此溶液。准确移取试样分解液 10mL 注入蒸馏装置

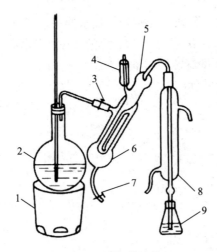

图 1-6-1　定氮蒸馏装置

1. 电炉　2. 水蒸气发生器（2L 烧瓶）　3. 螺旋夹　4. 小玻杯及棒状玻塞

5. 反应室　6. 反应室外层　7. 橡皮管及螺旋夹　8. 冷凝管　9. 蒸馏液接收瓶

的反应室中，用少量蒸馏水冲洗进样入口，塞好入口玻璃塞。再加 10mL 40％氢氧化钠溶液，小心提起玻璃塞使之流入反应室，用少许蒸馏水冲洗，将玻璃塞塞好，并在入口处加水密封好，防止漏气。夹紧外层废液排出口。加热蒸汽发生瓶中蒸馏水，待反应室中液体沸腾，蒸馏 7～8min，使冷凝管末端离开吸收液面，用少量蒸馏水冲洗冷凝管末端，洗液均流入吸收液，撤离三角瓶。夹紧橡皮管，切断气源，反应室中残留液自动吸入反应室外层，用蒸馏水冲洗反应室 3～4 次，放出废液。

5. 滴定　硼酸吸收液中加 2 滴混合指示剂，用 0.1mol/L 的 HCl 标准溶液滴定，至溶液由淡绿色变成砖红色。记录 HCl 用量。

6. 空白测定　称取蔗糖 0.1g，代替试样，按上述测定步骤进行空白测定，消耗 0.1mol/L 盐酸标准溶液的体积应不得超过 0.2mL。

四、实验结果分析

乳样中蛋白质含量按下式计算：

$$N\% \times 6.38 = 粗蛋白质（\%）= \frac{(v_2 - v_1) \times c \times 0.014\,0 \times 6.38}{m \times \frac{v'}{v}} \times 100$$

式中：v_2 代表试样滴定时所需酸标准溶液体积，mL；

$\quad\quad v_1$ 代表空白滴定时所需酸标准溶液体积，mL；

$\quad\quad c$ 代表盐酸标准溶液浓度，mol/L；

$\quad\quad m$ 代表试样质量，g；

$\quad\quad V$ 代表试样分解液总体积，mL；

$\quad\quad v'$ 代表试样分解液蒸馏用体积，mL；

$\quad\quad 0.014\,0$ 代表每毫升 HCl 标准溶液相当于 N 的质量，g；

$\quad\quad 6.38$ 代表氮换算成蛋白质的系数。

每个试样取两个平行样进行测定，以其算术平均值为测定结果。粗蛋白质含量在 10％以下时，允许相对偏差为 3％。

五、实验注意事项

（1）样品转入消化瓶时，尽量不要沾湿颈口，万一沾湿可在加硫酸时冲下，以免被检样消化不完全，影响测定结果。

（2）样品消化应在通风橱中进行，以利于废气排出。

（3）消化开始时温度不宜过高，以防泡沫溢出。

（4）消化完毕不得用冷水冷却，应自然冷却。

（5）吸收时，冷凝管末端必须伸入液面下。

（6）氨是否蒸馏完全，可用 pH 试纸测试馏出液是否为碱性。

实验七　鲜乳相对密度测定

一、实验原理

相对密度可以反映液体食品的浓度和纯度，在正常情况下各种液体食品都有一定的相对密度范围。当液体食品中出现掺假、脱脂、浓度改变等变化时，均可出现相对密度的变化，因此，测定相对密度可初步判断液体食品质量是否正常及其纯净程度。鲜乳密度常作为评定鲜乳成分是否正常的一个指标，但不能只凭这一项来判断，必须结合脂肪、风味等的检验，判断鲜乳是否经过脱脂或是否加水等。乳的相对密度一般为20℃时一定体积乳的质量与同体积4℃时水的质量之比。

乳相对密度用乳稠计测定，利用乳稠计在乳中取得浮力与重力相对平衡的原理测定。乳稠计有 20℃/4℃ 和 15℃/15℃ 两种，其换算关系为：A+0.000 2＝B（A：20℃/4℃测定值，B：15℃/15℃测定值）。

二、实验仪器

（1）乳稠计　20℃/4℃。

（2）温度计

（3）玻璃圆筒或200～250mL 量筒　圆筒高度应大于密度计的长度，其直径大小应使在沉入密度计时其周边和圆筒内壁的距离不小于5mm。

（4）烧杯

（5）水浴锅

三、操作步骤

混匀乳样，并将乳样温度调整为10～25℃，然后小心地沿着量筒壁注入量筒的3/4处，勿使其产生泡沫而影响读数，并测量试样温度。小心将乳稠计放入乳样中，沉入至标尺刻度1.030处，放手让其在乳中自由浮动但不能与量筒壁接触。静置2～3min后，眼睛平视生乳液面的高度，读取乳稠计读数。

测定乳温，根据乳温度和乳稠计读数，查乳温度换算表，将乳稠计读数换算为 20℃时的读数。一般情况下，温度每升高或降低 1℃，乳的相对密度在乳稠计刻度上减少或增加 0.000 2。

四、结果计算分析

相对密度（ρ_4^{20}）与密度计刻度关系式见公式：

$$\rho_4^{20}=\frac{X}{1\,000}+1.000$$

式中：ρ_4^{20} 代表样品的相对密度；

　　　X 代表乳稠计读数。

当用 20℃/4℃乳稠计，温度在 20℃时，将读数代入式中相对密度即可直接计算；不在 20℃ 时，要查表 1-7-1 换算成 20℃时度数，然后再代入公式计算。

表 1-7-1　乳稠计读数换算表

乳稠计读数	生乳温度（℃）															
	10	11	12	13	14	15	16	17	18	19	20	21	22	23	24	25
25	23.3	23.5	23.6	23.7	23.9	24.0	24.2	24.4	24.6	24.8	25.0	25.2	25.4	25.5	25.8	26.0
26	24.2	24.4	24.5	24.7	24.9	25.0	25.2	25.4	25.6	25.8	26.0	26.2	26.4	26.6	26.8	27.0
27	25.1	25.3	25.4	25.6	25.7	25.9	26.1	26.3	26.5	26.8	27.0	27.2	27.5	27.7	27.9	28.1
28	26.0	26.1	26.3	26.5	26.6	26.8	27.0	27.3	27.5	27.8	28.0	28.2	28.5	28.7	29.0	29.2
29	26.9	27.1	27.3	27.5	27.6	27.8	28.0	28.5	28.5	29.0	29.2	29.5	29.7	30.0	30.2
30	27.9	28.1	28.3	28.5	28.6	28.8	29.0	29.3	29.5	29.8	30.0	30.2	30.5	30.7	31.0	31.2
31	28.8	28.0	29.2	29.4	29.6	29.8	30.0	30.3	30.8	31.0	31.2	31.5	31.7	32.0	32.2
32	29.3	30.0	30.2	30.4	30.6	30.7	31.0	31.2	31.5	31.8	32.0	32.3	32.5	32.8	33.0	33.3
33	30.7	30.8	31.1	31.2	31.5	31.7	32.0	32.2	32.5	32.8	33.0	33.3	33.5	33.8	34.1	34.3
34	31.7	31.9	32.1	32.3	32.5	32.7	33.0	33.3	33.6	34.0	34.3	34.4	34.8	35.1	35.3
35	32.6	32.8	33.1	33.3	33.6	33.7	34.1	34.4	34.7	35.0	35.3	35.5	35.8	36.1	36.4
36	33.5	33.8	34.0	34.3	34.5	34.7	34.9	35.2	35.6	35.7	36.0	36.2	36.5	36.7	37.0	37.2

五、实验注意事项

（1）调整乳样温度在 10～25℃间检测，以 20℃左右时检测结果最为准确。

（2）乳样有泡沫时不易读数，等泡沫消失后再读数。

实验八　乳新鲜度检测

正常乳汁因泌乳动物品种、采食饲料、泌乳期不同酸度有差异，但一般相对稳定。如果乳汁挤出后，放置时间过长，则在存放过程中，由于微生物活动，分解乳糖产生乳酸，而使乳的酸度升高。如果泌乳动物患慢性乳房炎，则可使乳汁酸度降低。因此，测定乳的酸度，可判定乳是否新鲜，是否为正常乳。

检测乳新鲜度常用的方法有感官检验、煮沸实验、滴定实验、酒精实验、刃天青还原实验等。

一、煮沸实验

（一）实验原理

乳的酸度越高，乳中蛋白质对热的稳定性越低，越易凝固。根据乳中蛋白质在不同温度时的凝固特征，可判断乳的新鲜度。此法仅在生产前乳酸度较高时作为补充实验用，以确定乳是否能加工，以免杀菌时凝固。

（二）实验仪器

（1）量筒

（2）水浴箱

（三）操作步骤

取 5mL 乳样，注入洁净试管中，置于沸水浴中加热 5min，取出，观察有无絮片出现或发生凝固现象。

（四）实验结果判定

如产生絮片或发生凝固，则表明乳样已不新鲜，酸度大于 26°T 或混合有初乳。乳的酸度与凝固温度的关系如表 1-8-1 所示。

表 1-8-1　乳的酸度与凝固温度的关系

酸度（°T）	凝固条件	酸度（°T）	凝固条件
18	煮沸不凝固	40	加热至 63℃ 以上时凝固
20	煮沸不凝固	50	加热至 40℃ 以上时凝固
26	煮沸凝固	60	22℃ 时自行凝固
30	加热至 77℃ 以上时凝固	65	16℃ 时自行凝固

二、酒精实验

(一)实验原理

乳中酪蛋白胶粒带有负电荷,且具有亲水性,在胶粒周围易形成结合水层。酪蛋白在乳中以稳定的胶体状态存在,当乳的酸度增高时,酪蛋白胶粒带有的负电荷被 H^+ 中和。酒精具有脱水作用,酪蛋白胶粒周围的结合水易被酒精脱去,中和负电荷后的酪蛋白凝集。

用一定浓度的酒精与等量乳样混合,根据蛋白质的凝聚现象,可以判定乳的酸度。乳中蛋白质遇到同一浓度的酒精,其凝固现象与乳的酸度成正比。

酒精实验还可检出盐类平衡不良乳、初乳、末乳以及因细菌作用而产生凝乳酶的乳和乳房炎乳等。

(二)试剂和仪器

1. 试剂　无水乙醇。

2. 仪器　吸管、玻璃平皿。

(三)操作步骤

1. 配制 68 度、72 度酒精　利用 $V_1 = V_2 \times X\%$ (V_1 为所加无水乙醇体积、V_2 为所配制不同浓度酒精的体积、X 为配制的酒精浓度)计算。量取相应体积的无水乙醇,加入相应量的蒸馏水,充分混匀,配制 68 度、72 度酒精。

2. 检测　取干燥、干净平皿 2 个,编号 1 号、2 号,用吸管分别加入 2mL 同一乳样。1 号平皿加入等量的 68 度酒精,2 号平皿加入等量的 72 度酒精,边加边转动平皿,使酒精与乳样充分混合(勿使局部酒精浓度过高而发生凝聚)。观察有无出现絮片状凝集现象,若出现絮片状凝集现象则该乳样为酒精实验阳性乳。

(四)实验结果判定

如 68 度酒精不产生絮片,则表明乳样酸度在 16～20°T;72 度酒精不产生絮片,则表明乳样酸度在 16～18°T。酒精浓度与乳的新鲜度关系如表 1-8-2 所示。

表 1-8-2　酒精浓度与乳的新鲜度关系

酒精浓度	不出现絮片乳的酸度
68 度	16～20°T
70 度	16～19°T
72 度	16～18°T

（五）实验注意事项

（1）样品中勿混入水分及其他离子，以免造成检验误差。

（2）配制酒精时，所加水应是煮沸过且水温保持室温。

（3）酒精呈中性，必须用 6mol/L 的盐酸或 6mol/L 的氢氧化钠溶液校正酒精 pH，使之呈中性。

三、滴定实验

乳的酸度分为固有酸度和发酵酸度，固有酸度来源于乳中的蛋白质、柠檬酸盐及磷酸盐等酸性物质，发酵酸度来源于乳中微生物分解乳糖产生的酸，测定乳的滴定酸度可了解乳的新鲜程度。

（一）实验原理

滴定酸度是用相应的碱中和鲜乳中的酸性物质，根据碱的用量确定鲜乳的酸度和热稳定性。一般用 0.1mol/L NaOH 滴定，计算乳的酸度。

乳的滴定酸度常用°T 和乳酸度（乳酸％）表示。

（二）实验试剂和仪器设备

1. 试剂

（1）0.5％酚酞酒精溶液

（2）0.1mol/L NaOH 溶液

（3）化学纯邻苯二甲酸氢钾

2. 仪器设备

（1）电子天平 感量 0.000 1g。

（2）电热恒温烘箱

（3）吸管

（4）碱式滴定管

（5）量筒

（6）三角瓶

（三）操作步骤

1. 标定氢氧化钠溶液 将化学纯邻苯二甲酸氢钾置于120℃烘箱中干燥1h，取出，放入干燥器中冷却25min，取出，称取 0.3～0.4g（精确至 0.000 1g）于250mL 三角瓶中，加入 100mL 蒸馏水溶解，加三滴酚酞指示剂，用配好的0.1mol/L NaOH 溶液滴定至微红色。按下式计算氢氧化钠标准溶液的当量浓度。

$$N=\frac{W}{V\times0.204\,2}$$

式中：N 代表氢氧化钠标准溶液的当量浓度，mol/L；

　　　　V 代表滴定时消耗标准溶液体积，mL；

　　　　W 代表邻苯二甲酸氢钾质量，g；

　　　　0.204 2 代表与 1mol/L 氢氧化钠溶液相当的邻苯二甲酸氢钾的质

　　　　　量，g。

2. 滴定乳的酸度　取干净三角瓶，用煮沸冷蒸馏水冲洗干净。用 10mL 吸管准确吸取 10mL 乳样，注入三角瓶，再加 20mL 中性蒸馏水和 1～2 滴 0.5%酚酞指示剂，小心混匀。用标定后的 0.1mol/L NaOH 溶液滴定至微红色且 30s 内不褪色。记录所消耗的 NaOH 毫升数。

3. 计算滴定酸度

$$乳酸\%=\frac{NaOH\ 滴定用量\times0.009}{乳样量\times乳密度}\times100$$

酸度＝滴定用 0.1mol/L NaOH 毫升数×10

(四) 实验结果判定

如滴定酸度大于 20°T，则表明乳样已不新鲜，小于 16°T 则为低酸度酒精阳性乳或加碱、加水等异常乳。乳的酸度与乳的新鲜度关系如表 1-8-3 所示。

表 1-8-3　乳的酸度与乳的新鲜度关系

滴定酸度（°T）	乳的品质	滴定酸度（°T）	乳的品质
低于 16	低酸度酒精阳性乳等异常乳	高于 25	酸性乳
16～20	正常新鲜乳	高于 27	加热凝固
高于 20	微酸性乳	60 以上	酸化乳、能自身凝固

(五) 实验注意事项

(1) 酚酞指示剂量要适中，过多会使呈现的颜色过重，引起滴定量减少。

(2) 不加水时判定终点不太容易，可导致检测酸度过高。

(3) 滴定时注意液体不挂壁。

四、刃天青还原实验

(一) 实验原理

还原酶是乳中微生物的代谢产物，其含量与微生物污染程度有关。刃天青为氧化还原反应的指示剂，加入正常乳样中呈青蓝色。微生物代谢产生的还原酶可使刃天青发生颜色变化：青蓝色→紫色→红色→白色，可根据乳颜色变化产生的时间推断乳中细菌总数，以此评定乳样的新鲜度。

（二）实验试剂和仪器

1. 试剂

（1）刃天青基础液（0.05%） 取 100mL 分析纯刃天青于烧杯中，用少量煮沸过的蒸馏水溶解后移入 200mL 容量瓶中，加水至刻度，贮存于冰箱中备用。溶液应在 1 周内用完。

（2）刃天青工作液 取 1 份刃天青基础液，加 10 份煮沸过的蒸馏水，混合均匀。

2. 仪器

（1）带塞刻度试管 20mL，灭菌。

（2）吸管 1mL，10mL，灭菌。

（3）恒温水浴箱

（4）温度计

（三）操作步骤

吸取 10mL 乳样于灭菌试管内，再用已灭菌的 1mL 吸管吸取 1mL 刃天青工作液于灭菌试管，混合均匀，塞上塞子，但不要塞严。将试管置于（37±0.5）℃的恒温水浴箱中水浴加热，当试管内混合物加热至 37℃时（用只加乳样的对照试管测温），将管口塞严，计时。37℃加热 20min 时第一次观察试管内容物颜色的变化，记录结果；60min 时第二次观察试管内容物颜色的变化，记录结果。

（四）实验结果判断

根据 37℃加热 20min 和 60min 两次观察结果，按表 1-8-4 判定乳样的新鲜度。

表 1-8-4 刃天青还原实验乳的颜色变化与乳中细菌数关系

乳的质量	乳的颜色		乳中细菌数（个/mL）
	20min	60min	（60min）
良好	—	青蓝色	100 万以下
合格	青蓝色	紫蓝色	100 万～200 万
不好	紫蓝色	粉红色	200 万以上
很坏	白色		

实验九 异常乳检测

异常乳（不包括生理异常乳）是指向乳中加入某些物质以改变乳的性状或增加乳的重量。如乳中添加碱性物质以降低酸度，为便于贮藏而添加防腐剂或抗生素，以及为增加重量而掺水、淀粉、豆浆等。另外还有一些病理异常乳，如乳房炎乳等。

一、乳中掺入碱的检测

鲜乳保存不当时往往会造成酸度升高，为了掩盖乳的酸败，降低乳的酸度，防止乳因变酸而发生凝结，有人会向其中加碱。加碱后的乳不但滋味不佳，而且易滋生腐败菌，同时有些维生素也被破坏。因此，鲜乳感官检验时对色泽发黄、有咸味、口尝有苦涩味的乳应进行掺碱检验。常用的方法有玫瑰红酸法和溴麝香草酚蓝法。

（一）玫瑰红酸法

1. 实验原理 玫瑰红酸的 pH 变色范围为 $6.9 \sim 8.0$，如遇到加碱的乳，其颜色由棕色变为玫瑰红色，可借此检出加碱乳。依据这个特性也可检出乳房炎乳。

2. 实验试剂和仪器

（1）试剂 玫瑰红酸乙醇溶液（0.5g/L），0.05g 玫瑰红酸溶于 100mL 95％的乙醇。

（2）仪器

天平 感量 0.001g。

试管

吸管

3. 操作步骤 取 2mL 乳样放入干燥干净的试管中，加 2mL 玫瑰红酸乙醇溶液，摇匀，观察颜色变化。

4. 实验结果判定 呈现黄色者为正常乳，呈玫瑰红色者为加碱乳，红色越重，说明加碱越多。

（二）溴麝香草酚蓝法

1. 实验原理 溴麝香草酚蓝是一种酸碱指示剂，在 pH 为 $6.0 \sim 7.6$ 的溶液中颜色会发生由黄到蓝的变化。乳中加碱，可使溴麝香草酚蓝的显色反应与正常乳不同，由此可以根据颜色变化的不同，判断加碱量的多少。

2. 实验试剂和仪器

（1）试剂 溴麝香草酚蓝酒精溶液 6.4g 溴麝香草酚蓝溶于 1 000mL 95％ 的分析纯乙醇中。

（2）仪器

天平 感量 0.01g。

吸管

试管

3. 操作步骤 取乳样 5mL 注入试管中，将试管保持倾斜，再沿管壁小心加入溴麝香草酚蓝酒精溶液 5 滴。把试管小心倾斜旋转 2～3 次，以便使液体更好接触（但切忌液体相互混匀），然后把试管垂直放置 2min，观察接触面出现的颜色变化。同时作空白对照实验。

4. 实验结果判定 根据接触面出现的颜色变化，依据表 1-9-1 判断乳中是否加碱。

表 1-9-1　溴麝香草酚蓝法接触面颜色特征与乳中碳酸氢钠浓度关系

颜色特征	乳中碳酸氢钠浓度（％）	颜色特征	乳中碳酸氢钠浓度（％）
黄色	无	青绿色	0.50
黄绿色	0.03	淡蓝色	0.70
淡绿色	0.05	蓝色	1.00
绿色	0.10	深蓝色	1.50
深绿色	0.30		

二、乳中掺入食盐的检测

（一）实验原理

鲜乳中的氯化物可与硝酸银反应生成氯化银沉淀，用铬酸钾作指示剂，当乳中氯化物与硝酸银作用后，过量的硝酸银与铬酸钾生成砖红色铬酸银。根据颜色变化可判断乳中是否掺入氯化物。

（二）实验试剂和仪器

1. 试剂

硝酸银溶液（9.6g/L） 取分析纯硝酸银置于 105℃烘箱中干燥 0.5～1h，取出，放入干燥器中冷却后，称取 0.96g 溶解于 100mL 蒸馏水中，储存于棕色试剂瓶中备用。

10％铬酸钾溶液

2. 仪器

滴管

试管

吸管

电子天平 感量 0.001g。

(三) 操作步骤

取乳样 2mL 于试管中，加铬酸钾指示剂 5 滴，混合均匀，再加入硝酸银试剂 1.5mL，混匀，观察结果。

(四) 实验结果判定

若试管内液体呈砖红色，则该乳样氯化物<150mg/kg，为正常乳；若呈黄色，则该乳样为加食盐乳，根据反映后颜色深浅不同，掺盐量可判为微盐、有盐、大量盐。

(五) 注意事项

(1) 该方法的最低检测限为 0.05％。

(2) 试剂加入顺序不同影响测定结果，应按乳、指示剂、硝酸银的顺序加入。

(3) 硝酸银应烘干后使用，否则会影响检测结果。

三、乳中掺入豆浆的检测

乳中掺入豆浆，其密度和蛋白质含量均可能在正常范围，不能用测定密度或蛋白质含量的方法来检测乳的质量。乳中是否掺入豆浆可用以下方法检测。

(一) 邻二氮菲法

正常乳中含铁量小于 2mg/kg，而大豆中含铁量大于 100mg/kg，若乳中掺入豆浆，则乳中含铁量会显著增加，因此，可以用铁定性法间接测出乳中是否掺有豆浆。

1. 实验原理 Fe^{3+} 能被氯化亚锡还原为 Fe^{2+}，Fe^{2+} 与邻二氮菲在 pH 为 2～9 的溶液中生成水溶性的红色络合物。根据颜色变化可定性分析乳中含铁量是否正常。

2. 实验试剂和仪器

(1) 试剂

氯化亚锡

0.2％邻二氮菲 0.1g 邻二氮菲溶于 10mL 无水乙醇中加水稀释至 50mL。

(2) 仪器

试管

吸管

电子天平　感量 0.1g。

3. 操作步骤　取乳样 5mL 于试管中，加入 50mg 氯化亚锡，充分振荡摇匀，静置 5min，再振荡后加入 1mL 邻二氮菲溶液，混匀，10min 后观察结果。

4. 实验结果评定　无明显颜色变化为正常乳，呈粉红色为掺豆浆乳，颜色随掺入量的增加而加深。该法检出限量为 5%。

（二）乙醚-乙醇法

1. 实验原理　豆浆中含有皂素，皂素可溶于热水或热乙醇中，并可与氢氧化钾发生反应生成黄色物质。

2. 实验试剂和仪器

（1）试剂

乙醚、乙醇等量混合液

28% 氢氧化钾溶液

（2）仪器

试管

吸管

3. 操作步骤　取 5mL 乳样放入试管中，加乙醚、乙醇等量混合液 3mL，再加入 2mL 氢氧化钾溶液，观察结果。

4. 实验结果评定　如上层出现黄色圆圈者为混有豆浆。

四、乳中掺入淀粉的检测

1. 实验原理　乳中掺水后为保持正常密度可加淀粉或滤出脂肪。根据淀粉遇碘变蓝可检测乳中是否掺入淀粉。

2. 实验试剂和仪器

（1）试剂　碘溶液，碘化钾 0.5g 溶于少量蒸馏水中，以此溶液溶解 0.25g 碘，然后全部移入 50mL 容量瓶中，定容。

（2）仪器

滴管

载玻片

电子天平　感量 0.001g。

3. 操作步骤　取 1 滴乳样滴于干净、干燥的载玻片上，再取 1 滴碘溶液滴于乳液边，轻轻摇动载玻片，使乳液与碘溶液混合。观察结果。

4. 实验结果判定　如有淀粉存在，则出现蓝色沉淀物。

五、乳中掺入蔗糖的检测

1. 实验原理 蔗糖在酸性溶液中水解产生果糖，与溶于强酸的间苯二酚加热后呈红色反应。

2. 实验试剂和仪器

（1）试剂

浓盐酸

间苯二酚

（2）仪器

水浴锅

试管

吸管

电子天平 感量0.01g。

3. 操作步骤 取被检乳样3mL，加浓盐酸0.6mL，混匀，加间苯二酚0.2g，置于水浴锅上加热，沸腾2～3min后，观察颜色变化。

4. 实验结果评定 如溶液呈红色，则表明被检乳中掺有蔗糖。

六、乳中掺入硝酸盐、亚硝酸盐的检测

乳中掺有过量的硝酸盐、亚硝酸盐会引起食物中毒。常用的检测乳中掺入硝酸盐、亚硝酸盐的方法有两种。

（一）液体试剂法

1. 实验原理 鲜乳中的亚硝酸盐在酸性条件下与对氨基苯磺酸反应，然后再与α-萘胺偶合成紫红色，颜色深浅与亚硝酸盐含量多少有关。鲜乳中的硝酸盐在还原剂作用下被还原成亚硝酸盐后，与对氨基苯磺酸反应后再与α-萘胺偶合成紫红色化合物。

2. 实验试剂和仪器

（1）试剂

α-萘酚

α-萘胺

对氨基苯磺酸

冰乙酸

显色剂 准确称取0.1g α-萘酚、0.2g α-萘胺，加入200mL冰乙酸溶解。

称取0.6g无水对氨基苯磺酸用200mL煮沸冷却的蒸馏水溶解（加热助溶），

将两种溶液混合，置于冰箱中保存。

（2）仪器

天平　感量0.01g。

试管

吸管

3. 操作步骤　量取2mL被检测乳样，加入1mL显色剂，混合混匀，静置2～3min后观察结果。

4. 实验结果判定　未发生颜色变化，判定亚硝酸盐阴性，为正常乳。若乳样颜色变为微粉色，则判定亚硝酸盐含量为阳性（微量）；乳样颜色变为微红色，判定亚硝酸盐含量为阳性（中量）；乳样颜色变为红色，判定亚硝酸盐含量为阳性（大量）。

5. 实验注意事项

（1）显色剂的配制可加热助溶，配成的溶液为粉色则需重新配置。

（2）本法检出限为0.2mg/L（以亚硝酸钠计）。

（二）固体试剂法

1. 实验原理　鲜乳中的亚硝酸盐与显色试剂作用，形成红色化合物。鲜乳中的硝酸盐被还原成亚硝酸盐后，再与显色试剂作用形成红色化合物。

2. 实验试剂和仪器

（1）试剂

硝酸盐试剂　硫酸钡100g（110℃烘干1h）、柠檬酸75g、硫酸锰10g、对氨基苯磺酸4g、盐酸萘乙二胺2g。将少量研细的锌粉与硫酸钡混合，再与其他试剂全部混合为固体试剂。保存于棕色瓶中备用（密封保持干燥）。

亚硝酸盐试剂　对氨基苯磺酸10g、萘胺1g、酒石酸89g。三种试剂分别称好后于研钵中研碎，在棕色瓶中干燥保存备用。

（2）仪器

电子天平　感量0.01g。

试管

吸管

3. 操作步骤　称取亚硝酸盐试剂0.2g或硝酸盐试剂0.3g，加入2mL被检乳样中，振荡混合均匀，必要时加热溶解，5min内观察结果。

4. 实验结果评定　正常乳呈无色。掺亚硝酸盐或硝酸盐乳呈红色，且随掺入量的增加，颜色逐渐加深。

本法最低检测量：硝酸盐 2×10^{-6} g/mL，亚硝酸盐 2×10^{-8} g/mL。

5. 实验注意事项

（1）用颜色较深的药品瓶，避光保存药品。

（2）药品置于干燥环境中保存，最好放在干燥器中。

（3）已打开包装的药品要密封好后于干燥器中避光保存，如果发现有结块现象应停止使用。

七、乳中掺入苯甲酸、山梨酸、安赛蜜、糖精钠的检测

（一）实验原理

乳样经前处理后，放入高效液相色谱仪分离后，分别以苯甲酸、山梨酸、安赛蜜、糖精钠的保留时间定性，峰高或峰面积定量。

（二）实验试剂和仪器设备

1. 试剂

（1）甲醇　流动相用色谱纯，样品提取时色谱纯和分析纯都可以用。

（2）亚铁氰化钾溶液　106g 亚铁氰化钾用水溶解，稀释至 1 000mL。

（3）醋酸锌溶液　219g 二水合醋酸锌和 32mL 醋酸用水溶解，稀释至 1 000mL。

（4）磷酸盐缓冲液　分别称取 2.5g 磷酸二氢钾和 2.5g 磷酸氢二钾，用水溶解，定容于 1 000mL 容量瓶中，用滤膜过滤后备用。

（5）HPLC 流动相　混合 5 体积的色谱纯甲醇和 95 体积的磷酸盐缓冲溶液。

（6）0.1mol/L 的氢氧化钠溶液　4g 氢氧化钠用水溶解，稀释至 1 000mL。

（7）0.5mol/L 的硫酸溶液　30mL 浓硫酸小心缓慢加入 500mL 水中，冷却后，定容至 1 000mL。

2. 仪器设备

（1）液相色谱仪　配紫外检测器。

（2）溶剂过滤器　带有 0.45μm 有机系滤膜。

（3）分析天平　感量 0.000 1g。

（三）操作步骤

1. 乳样的抽提和净化　称取 18.0～22.0g（精确至 0.01g）乳样于 100mL 容量瓶中，加入 25mL 0.1mol/L 氢氧化钠溶液，混匀，将容量瓶放入超声波超声 15min，或将容量瓶放入（70±0.5）℃水浴中加热 15min 左右（在放样品之前先将水浴锅的温度升至 70℃，然后再将样品放入水浴锅中，当水浴锅的

温度达到 70℃时开始计时），冷却。

用 0.5mol/L 的硫酸溶液调 pH 为 7.0～8.0，加 2mL 亚铁氰化钾和 2mL 醋酸锌溶液，用力摇匀，静置 15min 左右。摇匀，加入甲醇至容量瓶 3/4 处，混匀，冷却至室温。摇匀，定容至 100mL，剧烈震荡完全提取，放置 2h 后，用过滤器过滤上层澄清的抽提液，作为待测样。

注意：如果在检测过程中发现，待测样的浓度过高，可以将处理样品的上层澄清液用甲醇和水按 1∶1 配制的溶液进行稀释，然后再进行检测，在计算时需要考虑稀释倍数。

2. 仪器参考条件

柱温　30～40℃。

紫外检测器　227nm。

进样量　20μL 或 10μL。

色谱柱　C8 或 C18（250×4.6mm，5μm）或其他性能相当者。

流速　1.0mL/min。

3. 标准溶液

（1）标准储备液

安赛蜜标准储备液　准确称取 0.1g 标准品，用超纯水溶解，定容至 100mL。冰箱冷藏保存放置 3 个月。

糖精钠标准储备液　准确称取 0.1g 标准品，用超纯水溶解，定容至 100mL。冰箱冷藏保存放置 3 个月。

苯甲酸标准储备液　准确称取 0.1g 标准品，用少量优级纯无水乙醇溶解，用超纯水定容至 100mL。冰箱冷藏保存放置 2 个月。

山梨酸标准储备液　准确称取 0.1g 标准品，用 2％碳酸氢钠溶液溶解，用超纯水定容至 100mL。冰箱冷藏保存放置 2 个月。

（2）标准工作液（10μg/mL）　准确吸取苯甲酸、山梨酸、安赛蜜和糖精钠标准溶液储备液各 100μL，用 1∶1 的甲醇水定容至 10mL 容量瓶中。工作液浓度根据待测样的进样浓度可以做适当调整。

4. 样品测定　在选定色谱条件下注入 20μL 或 10μL 样品溶液及标准工作液，得到样品溶液中苯甲酸、山梨酸、安赛蜜或糖精钠的峰面积。以待测物峰面积为纵坐标，浓度为横坐标绘制标准工作曲线。

（四）实验结果计算

试样中苯甲酸、山梨酸、安赛蜜、糖精钠的含量以 g/kg 来表示，计算公式如下：

$$X=\frac{c\times v\times 1\,000}{m\times 1\,000\times 1\,000}$$

式中：X 代表样品中被测物含量，g/kg；

　　　c 代表由标准曲线得出的样液中被测物的浓度，μg/mL；

　　　v 代表样品定容体积，mL；

　　　m 代表样品质量，g。

以重复条件下获得的两次独立测定结果算术平均值表示，结果保留两位有效数字。重复条件下获得的两次独立测定结果的绝对差值不超过算数平均值的 10%。

检出限：苯甲酸 1.0mg/kg；山梨酸 1.0mg/kg；安赛蜜 3.0mg/kg；糖精钠 3.0mg/kg。

八、乳中掺入硫氰酸盐的检测

鲜乳中加入微量的硫氰酸盐（约 12mg/L），可抑制乳中过氧化物酶活性，获得明显的保鲜效果。然而硫氰酸盐可抑制人体内甲状腺对碘的吸收，降低甲状腺过氧化物酶活性，易引起碘缺乏进而造成甲状腺肿大。硫氰酸加热，可分解为各种氰化物，有剧毒。2008 年国家卫生部禁止使用的添加剂名录中规定硫氰酸盐不能用作乳及乳制品的保鲜。

（一）实验原理

乳样经过沉淀过滤除去蛋白等干扰物质，滤液中的硫氰酸根遇铁盐反应生成血红色的硫氰酸铁，利用分光光度计在 450nm 处下测其吸光值，以测定乳样中硫氰酸盐（以硫氰酸根含量计）含量。

（二）实验试剂和仪器设备

1. 试剂

（1）三氯乙酸溶液（200g/L）　称取 20.0g 三氯乙酸，用水溶解，定容至 100mL。

（2）硫氰酸根标准溶液（1 000mg/L）　精确称取硫氰酸根 1.000g（分析纯，纯度≥98.5%），用水溶解，定容至 1 000mL（冷藏保存）。

（3）硝酸铁溶液（16g/L）　称取硝酸铁 1.6g，用水溶解，定容至 100mL。

2. 仪器设备

（1）分光光度计　包含 450nm 波长。

（2）电子天平　感量 0.01g。

（3）容量瓶

（4）量筒

（三）操作步骤

1. 乳样处理　量取 20mL 乳样于三角瓶中，加入 5mL 三氯乙酸溶液（边加边摇），混合均匀后静置 20min。用定量滤纸过滤于干净干燥的三角瓶中，取过滤后的乳清液 4mL 于干净干燥的试管中，加入 2mL 硝酸铁溶液，混匀。

以水 4mL 直接加 2mL 硝酸铁溶液，混匀，做空白。

2. 比色　用 10mm 比色杯，于 450nm 波长处测吸光值。以空白调零。

3. 绘制标准曲线　量取滤液加显色剂的吸光值与水加显色剂的空白吸光值接近的（不超过±0.005）生鲜乳 20mL 于三角瓶中，加 5mL 三氯乙酸溶液（边加边摇），混合均匀后静置 20min。用定量滤纸过滤于干净干燥的三角瓶中，取过滤后的乳清液 4mL 于干净干燥的试管中，加入 2mL 硝酸铁溶液，混匀。

以上述滤液作本底，制得含有硫氰酸根浓度分别为 0、2、5、10、15、20、30mg/L 的梯度样液。

用 10mm 比色杯，于 450nm 测吸光值（以空白调零）。以标准溶液添加量为横坐标，以吸光值为纵坐标，绘制标准曲线。绘制曲线时各浓度点的吸光值需要减去生鲜乳本底的吸光值后作为曲线纵坐标。

（四）实验结果计算

根据样液测得吸光值，通过标准曲线计算出乳样中含硫氰酸盐浓度（以硫氰酸根浓度计）。计算结果保留小数点后两位。重复条件下获得的两次独立测定结果的绝对差值不超过算数平均值的 20%。

本法的检出限为 1.0mg/L。

九、乳中掺入硫酸盐的检测

（一）实验原理

鲜乳中的硫酸盐与氯化钡形成硫酸钡沉淀，过量的钡离子与玫红酸钠反应生成玫红酸钡，呈玫瑰红色。若鲜乳中掺入硫酸盐后，因氯化钡被硫酸盐全部沉淀，无游离的钡离子，因而不能与玫红酸反应，呈黄色。

（二）实验试剂和仪器设备

1. 试剂

（1）氯化钡溶液　称取氯化钡 3g，加蒸馏水少许，溶解后加浓盐酸 20mL，加蒸馏水至 250mL。

（2）玫红酸钠 1g，氯化钠 49g，干燥研磨至粉末状，密闭保存。

2. 仪器设备

（1）试管

（2）量筒

（3）电子天平　感量 0.01g。

（三）操作步骤

取乳样 2mL 于试管中，加入玫红酸钠指示剂约 0.3g，混匀，加氯化钡溶液 4～5 滴，混匀，静置 2～3min 观察结果。

（四）实验结果评定

正常乳呈玫瑰红色，掺入硫酸盐乳呈黄色或土黄色。

本法最低检出量为 0.1%。

（五）实验注意事项

（1）严格控制乳的酸度，酸度过大易褪色，酸度不足不显色。

（2）对不能判定乳样，可取乳 10mL 加 10%氯化钡溶液 1～1.5mL，离心沉淀，正常乳沉淀很少，掺入硫酸盐乳有较多硫酸钡沉淀。

十、乳中抗生素检测

检测乳中残留抗生素的方法有：TTC 法、纸片法、抗生素测定仪检测法等。国际上通用的 SNAP 抗生素检测系统，10min 就可读出检测结果。Parallux 抗生素综合试剂盒可检测出多种抗生素药物，4min 即可出具分析结果。

（一）TTC 法

1. 实验原理　如鲜乳中有抗生素残留，在被检乳样中，接种细菌进行培养，细菌不能增殖，加入的指示剂 TTC，保持原有的无色状态。反之，如没有抗生素残留，实验菌就会增殖，使指示剂 TTC 还原，被检乳样呈红色。

2. 实验试剂和仪器设备

（1）试剂

实验菌液　将嗜热乳酸链球菌接种于灭菌脱脂乳培养基中，置于 37℃恒温水浴中培养 15h，用灭菌的脱脂乳以 1∶1 比例稀释备用。

TTC 试剂　将 1g TTC 试剂（2，3，5-氯化三苯基四氮唑）溶于 25mL 灭菌蒸馏水中，置于棕色瓶中于阴暗处保存。最好现用现配。

（2）仪器设备

高压灭菌锅

恒温培养箱

恒温水浴箱

灭菌试管

灭菌吸管

电子天平 感量 0.1g。

3. 实验检测方法 取 3 支灭菌试管，其中 1 支加入 9mL 乳样，另外两支试管各加入 9mL 不含抗生素的灭菌脱脂乳作为对照。将加乳样的试管置于 90℃恒温水浴中加热 5min，灭菌后冷却至 37℃。分别向装有乳样的试管和其中的一个装有灭菌脱脂乳的试管中加入实验菌稀释液 1mL，充分混匀，然后将 3 支试管置于 37℃的恒温水浴中加热 2h，注意水面不要高于试管的液面，并要避光。

取出试管，向 3 支试管中分别加入 0.3mL 的 TTC 试剂，混合均匀，置于恒温箱中 37℃培养 30min，观察试管中的颜色变化。

4. 实验结果判定 加入 TTC 指示剂在恒温箱中 37℃培养 30min 后，如乳样呈红色则说明无抗生素残留，即报告结果为阴性；如乳样不显色，再继续恒温 30min，第二次观察，如仍不显色，则说明有抗生素残留，即报告结果为阳性，反之则为阴性。显色状态判定标准见表 1-9-2。

表 1-9-2　TTC 法乳中残留抗生素显色状态判定标准

显色状态	判定
未显色	阳性
微红色	可疑
桃红色→红色	阴性

（二）纸片法

1. 实验原理 将实验菌种接种到琼脂培养基上，然后将浸过被检乳样的纸片放在培养基上进行培养。如果被检乳样中有抗生素残留，抗生素会向纸片四周扩散，阻止实验菌种生长，在纸片的周围形成透明的阻止带，根据阻止带的直径，判断抗生素残留量。

2. 实验试剂和仪器设备

（1）试剂

灭菌蒸馏水

菌种保存培养基　酵母浸汁 2g、肉汁 1g、蛋白胨 5g、琼脂 15g、蒸馏水 1 000mL。

菌种增殖培养基　酵母浸汁 1g、胰蛋白胨 2g、葡萄糖 0.05g、蒸馏水

100mL，pH 7.9～8.1，120℃、20min 灭菌。

实验用菌　将嗜热乳酸链球菌用菌种增殖培养基 55℃培养 16～18h。琼脂平板培养基在 55℃加热溶解，将菌种增殖培养基和琼脂平板培养基按 1：5 比例混合，倾倒于预先加热至 55℃的平板中，厚度 0.8～1.0mm。

（2）仪器设备

灭菌镊子

滤纸圆片　8～10mm 或 12～13mm。

恒温培养箱

电子天平　感量 0.001g。

3. 操作步骤　用灭菌镊子夹住滤纸圆片浸入预先混合均匀的乳样中，去掉多余乳液，放在实验用菌平板上，用镊子轻轻压实。将平板倒置于 55℃恒温培养箱中培养 2.5～5h，取出，观察。

4. 实验结果判定　滤纸圆片周围有抑菌环出现，证明乳样中有抗生素残留，反之则无抗生素残留。可用配制的不同浓度抗生素标准溶液的抑菌环大小定量检测抗生素残留量。注意，抑菌环测量时应包括滤纸圆片直径在内。

本法青霉素的检出浓度为 0.025～0.05IU/mL。

十一、乳房炎乳检测

（一）实验原理

乳房炎乳是指奶牛患乳房炎后所产的牛乳。其牛乳理化性质和营养成分将发生改变，乳清蛋白含量升高，酪蛋白含量下降，干酪产量明显下降；乳糖、乳脂肪和非脂乳固体含量都有不同程度的降低，免疫球蛋白增高；酸度、相对密度下降，pH 和电导率增加；P、Ca、K 略有减少，Cl 和 Na 的含量明显降低；脂肪氧化酶、过氧化氢酶含量均升高；碱反应增强，热稳定性下降等。乳房炎乳由于其成分改变，病原菌数增加，对其产品质量有较大影响。

（二）实验试剂和仪器设备

1. 试剂

（1）碳酸钠　$Na_2CO_3 \cdot 10H_2O$，化学纯。

（2）无水氯化钙

（3）氢氧化钠

（4）溴甲酚紫　浓度为 0.005%。

2. 仪器设备

（1）电子天平　感量 0.1g。

（2）平皿

（3）吸管

（三）操作步骤

配制混合试剂　称取 60g 碳酸钠溶于 100mL 蒸馏水中，搅拌均匀、加热、过滤；称取 40g 无水氯化钙溶于 300mL 蒸馏水中，搅拌均匀、加热、过滤。将上述两种滤液混合、搅拌、加热和过滤。在混合滤液中加入等量的 15% 氢氧化钠溶液，继续搅拌、加热、过滤，即为试液。加入溴甲酚紫（使用当天添加）于试液中（便于观察结果），试剂放于棕色玻璃瓶中保存。

注意：配制药品时温度控制在 65℃ 左右溶解，避免由于温度过高对药品性质产生影响。

测定　吸取乳样 3mL 于平皿中，边加边摇加入 0.5mL 混合试剂后，立即回转混合，约 10s 后观察结果。

（四）实验结果判定

依据平皿中乳样出现沉淀的不同情况，按照表 1-9-3 进行结果判定。

表 1-9-3　乳房炎乳检测结果判定对照表

现象	结果
无沉淀及絮片	－（阴性）
有沉淀（片条）	＋（阳性）
有黏稠性团块、薄片	＋＋（强阳性）
有持续性的黏稠性团块	＋＋＋（强阳性）

实验十　乳中杂质度的检测

一、实验原理

利用过滤的方法，使乳中杂质与乳分开，然后与杂质度标准板比较进行定量分析。乳中杂质度的表示方法：mg/kg。

二、实验仪器

（1）布氏漏斗　直径 40mm，瓷质。

（2）棉质过滤垫

(3) 真空泵

(4) 抽滤瓶

(5) 空心圆柱体　直径 28.6mm。

(6) 电子天平　感量 0.1g。

(7) 烘干箱

(8) 杂质度标准板

三、操作步骤

取 500g 乳样，加热至 60℃。将乳倒入放有空心圆柱体、有棉质过滤垫的布氏漏斗内进行过滤。为了加快过滤速度，可用真空抽滤。用水冲洗黏附在过滤板上的乳样。用镊子取下过滤垫，置于（105±2）℃烘干箱内烘干，取出，与杂质度标准板比较，得出杂质度。当过滤板上杂质的含量介于两个级别之间时，判定为杂质含量较多的级别。

四、分析结果

与杂质度标准板比较得出的过滤板上的杂质量，即为该样品的杂质度。对同一样品所作的两次重复测定，其结果应一致，否则应重复再测定两次。生乳中杂质度≤4.0mg/kg。

实验十一　乳中菌落总数检测

乳制品加工中，原料乳中微生物数量过大，会导致杀菌不彻底，成品中残留菌量超标，产品容易变质，保质期不能保证。另外，残留于乳中过多的细菌代谢产物，会使人产生一些不良反应，如发热、关节发炎等。乳中细菌数的检查方法很多，有细菌总数测定、直接镜检等方法。

细菌总数是指检样经过处理，在一定条件下培养后（如培养基成分、培养温度、时间、pH、需氧性等），1mL（g）检样中所含的菌落总数。

一、实验试剂和仪器

（一）试剂

1. 平板计数琼脂培养基　胰蛋白胨 5.0g、酵母浸膏 2.5g、葡萄糖 1.0g、琼脂 15.0g，加入 1 000mL 蒸馏水中，煮沸溶解，调节 pH 至 7.0±0.2，121℃高压灭菌 15min。

2. 磷酸盐缓冲液

贮存液　称取 34.0g 磷酸二氢钾溶于 500mL 蒸馏水中，大约用 175mL 的 1mol/L 氢氧化钠溶液调节 pH 至 7.2，用蒸馏水稀释至 1 000mL，贮存于冰箱。

稀释液　取贮存液 1.25mL，用蒸馏水稀释至 1 000mL，于 121℃ 高压灭菌 15min。

3. 无菌生理盐水　称取 8.5g 氯化钠溶于 1 000mL 蒸馏水中，121℃ 高压灭菌 15min。

4. 1mol/L 氢氧化钠　称取 40g 氢氧化钠溶于 1 000mL 蒸馏水中。

5. 1mol/L 盐酸　移取浓盐酸 90mL，用蒸馏水稀释至 1 000mL。

（二）仪器

（1）恒温培养箱　（36±1）℃，（30±1）℃。

（2）冰箱　2～5℃。

（3）恒温水浴箱　（46±1）℃。

（4）电子天平　感量 0.1g。

（5）振荡器

（6）无菌吸管　1mL（具有 0.01mL 刻度），10mL（具有 0.1mL 刻度）。

（7）无菌锥形瓶

（8）无菌培养皿　直径 90mm。

（9）pH 计

（10）菌落计数器

（11）微量移液器及吸头

二、操作步骤

1. 样品的稀释　以无菌吸管吸取 25mL 乳样加入盛有 225mL 磷酸盐缓冲液或生理盐水的无菌锥形瓶中，充分混匀，制成 1∶10 的样品匀液。用 1mL 无菌吸管或微量移液器吸取 1∶10 样品匀液 1mL，沿管壁缓慢注于盛有 9mL 稀释液的无菌试管中（注意吸管或吸头尖端不要触及稀释液面），振摇试管或换用一支无菌吸管反复吹打使其混合均匀，制成 1∶100 的样品匀液。按上述操作程序，制备 10 倍系列稀释样品匀液。每递增稀释 1 次，换用一次 1mL 无菌吸管或吸头。在进行 10 倍递增稀释时，选择 2～3 个适宜稀释度的样品匀液（可包括原液），每个稀释度分别吸取 1mL 样品匀液加入两个无菌平皿内。同时分别取 1mL 磷酸盐缓冲液或生理盐水加入两个无菌平皿作空白对照。

2. 培养　将 15～20mL 冷却至 46℃ 的平板计数琼脂培养基〔可放置于 (46±1)℃ 恒温水浴箱中保温〕倾注入上述平皿中，并转动平皿使其混合均匀。琼脂凝固后，将平板翻转，置于 (36±1)℃ 培养箱中培养 (48±2) h。

3. 菌落计数　菌落计数以菌落形成单位 (CFU) 表示。选取菌落数在 30～300CFU、无蔓延菌落生长的平板，用肉眼观察，必要时用菌落计数器，记录稀释倍数和相应的菌落数量。低于 30CFU 的平板记录具体菌落数，大于 300CFU 的可记录为多不可计。每个稀释度的菌落数应采用两个平板的平均数。若其中一个平板有较大片状菌落生长时，则不宜采用，而应以无片状菌落生长的平板作为该稀释度的菌落数；若片状菌落不到平板的一半，而其余一半中菌落分布又很均匀，则可计数半个平板后乘以 2，代表一个平板菌落数。当平板上出现菌落间无明显界线的链状生长时，则将每条单链作为一个菌落计数。

三、实验结果

若有两个连续稀释度的平板菌落数在适宜计数范围内时，则按下式计算菌落总数：

$$N = \sum C / (n_1 + 0.1 n_2) \, d$$

式中：N 代表样品中菌落数，CFU/mL；

$\sum C$ 代表平板（含适宜范围菌落数的平板）菌落数之和，CFU；

n_1 代表第一个适宜稀释度平板上的菌落数，CFU；

n_2 代表第二个适宜稀释度平板上的菌落数，CFU；

d 代表稀释因子（第一稀释度）。

若只有一个稀释度平板上的菌落数在适宜计数范围内，计算此稀释度的两个平板菌落数的平均值，再将平均值乘以相应稀释倍数，作为每克（毫升）样品中菌落总数结果；若所有稀释度的平板上菌落数均大于 300CFU，则对稀释度最高的平板进行计数，其他平板可记录为多不可计，结果按最高稀释度平均菌落数乘以最高稀释倍数计算；若所有稀释度的平板菌落数均小于 30CFU，则按稀释度最低的平均菌落数乘以稀释倍数计算；若所有稀释度（包括样品原液）平板均无菌落生长，则以小于 1 乘以最低稀释倍数计算；若所有稀释度的平板菌落数均不在 30～300CFU，其中一部分小于 30CFU 或大于 300CFU 时，则以最接近 30CFU 或 300CFU 的平均菌落数乘以稀释倍数计算。

四、实验注意事项

（1）菌落数在 100CFU 以内时，按"四舍五入"原则修约数，采用两位有效数字报告。

（2）大于或等于 100CFU 时，第三位数字采用"四舍五入"原则修约数后，取前两位数字，后面用 0 代替位数；也可用 10 的指数形式来表示，按"四舍五入"原则修约数后，采用两位有效数字报告。

（3）若所有平板上为蔓延菌落而无法计数，则报告菌落蔓延。

（4）若空白对照上有菌落生长，则此次检测结果无效。

实验十二　乳中大肠杆菌数的检测

大肠杆菌广泛存在于人和温血动物的肠道中，能够在 44.5℃ 发酵乳糖产酸产气，IMVIC（靛基质、甲基红、VP 实验、柠檬酸盐）生化实验为＋＋－－或－＋－－的革兰氏阴性菌。利用大肠杆菌数可评价原料乳卫生状况，推断肠道致病菌污染的可能性。

一、实验培养基和试剂

1. 月桂基磺酸盐胰蛋白胨肉汤（LST 肉汤）　胰蛋白胨 20.0g、氯化钠 5.0g、乳糖 5.0g、磷酸氢二钾 2.75g、磷酸二氢钾 2.75g、月桂基磺酸钠 0.1g、蒸馏水 1 000mL，混合溶解后，调节 pH 至 6.8±0.2，分装入有玻璃小导管的试管中，每管 10mL，121℃高压灭菌 15min。

2. 煌绿乳糖胆盐肉汤（BGLB 肉汤）　蛋白胨 10.0g、乳糖 10.0g 溶于约 500mL 蒸馏水中，加入牛胆粉溶液 200mL，用蒸馏水稀释至 975mL，调节 pH 至 7.2±0.1，再加入 0.1％煌绿水溶液 13.3mL，用蒸馏水补足至 1 000mL，用棉花过滤后，分装在有玻璃小导管的试管中，每管 10mL，121℃高压灭菌 15min。

3. 结晶紫中性红胆盐琼脂（VRBA）　蛋白胨 7.0g、酵母膏 3.0g、乳糖 10.0g、氯化钠 5.0g、胆盐或 3 号胆盐 1.5g、中性红 0.03g、结晶紫 0.002g、琼脂 15～18g，溶于 1 000mL 蒸馏水中，静置几分钟，充分搅拌，调节 pH 至 7.4±0.1，煮沸 2min 将培养基融化，并恒温至 45～50℃，倾注平板。使用前临时制备，不得超过 3h。

4. 牛胆粉溶液　将 20.0g 脱水牛胆粉溶于 200mL 蒸馏水中，调节 pH 至

7.0～7.5。

5. 磷酸盐缓冲液

贮存液　称取 34.0g 磷酸二氢钾溶于 500mL 蒸馏水中，大约用 175mL 的 1mol/L 氢氧化钠溶液调节 pH 至 7.2，用蒸馏水稀释至 1 000mL，贮存于冰箱。

稀释液　取贮存液 1.25mL，用蒸馏水稀释至 1 000mL，于 121℃高压灭菌 15min。

6. 无菌生理盐水　称取 8.5g 氯化钠溶于 1 000mL 蒸馏水中，121℃高压灭菌 15min。

7. 1mol/L 氢氧化钠　称取 40g 氢氧化钠溶于 1 000mL 蒸馏水中。

8. 1mol/L 盐酸　移取浓盐酸 90mL，用蒸馏水稀释至 1 000mL。

二、实验仪器

（1）恒温培养箱　（36±1）℃。

（2）冰箱　2～5℃。

（3）恒温水浴箱　（44.5±0.2）℃。

（4）电子天平　感量 0.1g。

（5）振荡器

（6）无菌吸管　1mL（具有 0.01mL 刻度），10mL（具有 0.1mL 刻度）。

（7）微量移液器及吸头

（8）无菌锥形瓶

（9）无菌培养皿　直径 90mm。

（10）pH 计

（11）菌落计数器

三、操作步骤

（一）大肠杆菌 MPN 计数法

1. 样品的稀释　以无菌吸管吸取乳样 25mL 加入盛有 225mL 磷酸盐缓冲液或生理盐水的无菌锥形瓶中，充分振摇混匀，制成 1∶10 的样品匀液。用 1mol/L 氢氧化钠或 1mol/L 盐酸调节样品匀液 pH 在 6.5～7.5。用 1mL 无菌吸管或微量移液器吸取 1∶10 样品匀液 1mL，沿管壁徐徐注入盛有 9mL 磷酸盐缓冲液或生理盐水的无菌试管中（注意吸管或吸头尖端不要触及稀释液面），振摇试管或换用 1 支 1mL 无菌吸管或吸头反复吹打，使其混合均匀，制成 1∶100 的样品匀液。按上述操作，依次制成 10 倍递增系列样品匀液。每递增稀释 1 次，换用 1 支 1mL 无菌吸管或吸头。从制备样品匀液至样品接种完毕，全过程不超过 15min。

2. 初发酵实验　选择 3 个适宜的连续稀释度的样品匀液（可以选择原液），每个稀释度接种 3 管月桂基磺酸盐胰蛋白胨（LST）肉汤，每管接种 1mL。（36±1）℃培养（24±2）h，观察小导管内是否有气泡产生，如未产气则继续培养（48±2）h。记录 24h 和 48h 内产气的月桂基磺酸盐胰蛋白胨肉汤管数。如所有月桂基磺酸盐胰蛋白胨肉汤管均未产气，即可报告大肠杆菌 MPN 结果为阴性；如有产气者，则进行复发酵实验（证实实验）。

3. 复发酵实验（证实实验）　用接种环分别从所有培养（48±2）h 发酵产气的月桂基磺酸盐胰蛋白胨肉汤管中取培养物 1 环，移种于煌绿乳糖胆盐（BGLB）肉汤管中，（36±1）℃培养（48±2）h，观察产气情况。如煌绿乳糖胆盐肉汤管未产气，计为大肠杆菌群阴性管；如有产气者，计为大肠杆菌群阳性管。

4. 大肠杆菌群最可能数（MPN）报告　按复发酵实验确证的大肠杆菌群煌绿乳糖胆盐肉汤阳性管数，检索 MPN 表（表 1-12-1），报告每克（毫升）乳样中大肠杆菌群的 MPN 值。

表 1-12-1　大肠杆菌群最可能数（MPN）检索表

阳性管数			MPN	95%可信度		阳性管数			MPN	95%可信度	
0.10	0.01	0.001		下限	上限	0.10	0.01	0.001		下限	上限
0	0	0	<3.0	—	9.5	1	2	1	15	4.5	42
0	0	1	3.0	0.15	9.6	1	3	0	16	4.5	42
0	1	0	3.0	0.15	11	2	0	0	6.2	1.4	38
0	1	1	6.1	1.2	18	2	0	1	14	3.6	42
0	2	0	6.2	1.2	18	2	0	2	20	4.5	42
0	3	0	9.4	3.6	38	2	1	0	15	3.7	42
1	0	0	3.6	0.17	18	2	1	1	20	4.5	42
1	0	1	7.2	1.3	18	2	1	2	27	8.7	94
1	0	2	11	3.6	38	2	2	0	21	4.5	42
1	1	0	7.4	1.3	20	2	2	1	28	8.7	94
1	1	1	11	3.6	38	2	2	2	35	8.7	94
1	2	0	11	3.6	42	2	3	0	29	8.7	94

（续）

阳性管数			MPN	95％可信度		阳性管数			MPN	95％可信度	
0.10	0.01	0.001		下限	上限	0.10	0.01	0.001		下限	上限
2	3	1	36	8.7	94	3	2	0	93	18	420
3	0	0	23	4.6	94	3	2	1	150	37	420
3	0	1	38	8.7	110	3	2	2	210	40	430
3	0	2	64	17	180	3	2	3	290	90	1 000
3	1	0	43	9	180	3	3	0	240	42	1 000
3	1	1	75	17	200	3	3	1	460	90	2 000
3	1	2	120	37	420	3	3	2	1 100	180	4 100
3	1	3	160	40	420	3	3	3	>1100	420	—

（二）大肠杆菌平板计数法

1. 样品稀释 以无菌吸管吸取乳样 25mL 加入盛有 225mL 磷酸盐缓冲液或生理盐水的无菌锥形瓶中，充分振摇混匀，制成 1∶10 的样品匀液。用 1mol/L 氢氧化钠或 1mol/L 盐酸调节样品匀液 pH 在 6.5～7.5。用 1mL 无菌吸管或微量移液器吸取 1∶10 样品匀液 1mL，沿管壁徐徐注入盛有 9mL 磷酸盐缓冲液或生理盐水的无菌试管中（注意吸管或吸头尖端不要触及稀释液面），振摇试管或换用 1 支 1mL 无菌吸管或吸头反复吹打，使其混合均匀，制成 1∶100 的样品匀液。按上述操作，依次制成 10 倍递增系列样品匀液。每递增稀释 1 次，换用 1 支 1mL 无菌吸管或吸头。从制备样品匀液至样品接种完毕，全过程不超过 15min。

2. 检验 选取 2～3 个适宜的连续稀释度的样品匀液，每个稀释度分别取 1mL 注入两个无菌平皿。另取 1mL 生理盐水注入一个无菌平皿中，作空白对照。将（46±0.5）℃的结晶紫中性红胆盐琼脂 10～15mL 倾注于每个平皿中。小心旋转平皿，将培养基与样品匀液充分混匀，待琼脂凝固后，再加 3～4mL 结晶紫中性红胆盐琼脂覆盖平板表层。凝固后，翻转平板，置于（36±1）℃培养 18～24h。

3. 平板菌落数的选择 选择菌落数为 10～100CFU 的平板，分别计数平板上出现的典型和可疑大肠杆菌群菌落（如菌落直径较典型菌落小）。典型菌落为紫红色，菌落周围有红色的胆盐沉淀环，菌落直径为 0.5mm 或更大，最低稀释度平板低于 15CFU 的记录具体菌落数。

4. 复检验（证实实验） 从结晶紫中性红胆盐琼脂平板上挑取 10 个不同类型的典型和可疑菌落，少于 10 个菌落的挑取全部典型和可疑菌落。分别移种于煌绿乳糖胆盐肉汤管内，（36±1）℃培养 24～48h，观察产气情况。凡煌绿乳糖胆盐肉汤管产气，即可报告为大肠杆菌群阳性。

5. 大肠杆菌群平板计数报告　　两个平板上发荧光菌落数的平均数乘以稀释倍数，报告每克（或 mL）样品中大肠杆菌数，以 CFU/g（CFU/mL）表示。经最后证实为大肠杆菌群阳性的试管比例乘以结晶紫中性红胆盐琼脂培养记录的大肠杆菌群菌落数，再乘以稀释倍数，即为每克（毫升）样品中大肠杆菌群。若所有稀释度（包括样品原液）平板均无菌落生长，则以小于 1 乘以最低稀释倍数计算。

实验十三　　牛乳冰点及掺水量的测定

正常牛乳的冰点是相当稳定的，而加水后的牛乳，其冰点会升高，加入不同水量的牛乳冰点也不同。本实验利用乙醚的不断挥发，使被测牛乳结冰，当牛乳结冰时会出现温度平衡点，从而显示出被测牛乳的冰点。从测得牛乳的冰点可以推算出牛乳的掺水量。

一、实验原理

样品管中放入一定量的乳样，置于冷阱中，于冰点以下制冷。当被测乳样制冷到 −3℃时，进行引晶，结冰后通过连续释放热量，使乳样温度回升至最高点。并在短时间内保持恒定，为冰点温度平台，该温度即为该乳样的冰点值。单位以摄氏千分之一度（m℃）表示。

二、实验试剂和仪器设备

1. 试剂

（1）氯化钠（NaCl）　　磨细后置于干燥炉中，（130±5）℃干燥 24h 以上，于干燥器中冷却至室温。

（2）乙二醇（$C_2H_6O_2$）

（3）校准液　　选择两种不同冰点的氯化钠标准溶液，氯化钠标准溶液与被测牛奶样品的冰点值相近，且所选择的两份氯化钠标准溶液的冰点值之差不得少于 100m℃，见表 1-13-1。

①校准液 A（20～25℃室温下）　　称取 6.731g（精确至 0.000 1g）氯化钠，溶于少量水中，定容至 1 000mL 容量瓶中。其冰点值为 −0.400℃。

②校准液 B（20℃室温下）　　称取 9.422g（精确至 0.000 1g）氯化钠，溶于少量水中，定容至 1 000mL 容量瓶中。其冰点值为 −0.557℃。

（4）冷却液　准确量取 330mL 乙二醇于 1 000mL 容量瓶中，用水定容至刻度并摇匀，其体积比分数为 33％。

表 1-13-1　氯化钠标准溶液的冰点（20℃）

氯化钠溶液（g/L）	氯化钠溶液（g/kg）	冰点（m℃）
6.731	6.763	−400.0
6.868	6.901	−408.0
7.587	7.625	−450.0
8.444	8.489	−500.0
8.615	8.662	−510.0
8.650	8.697	−512.0
8.787	8.835	−520.0
8.959	9.008	−530.0
9.130	9.181	−540.0
9.302	9.354	−550.0
9.422	9.475	−557.0
10.161	10.220	−600.0

2. 仪器

（1）天平　感量为 0.1mg。

（2）热敏电阻冰点仪　带有热敏电阻控制的冷却装置（冷阱），热敏电阻探头，搅拌器和引晶装置（图 1-13-1）及温度显示仪。

（3）样品管　硼硅玻璃，长度（50.5±0.2）mm，外部直径为（16.0±0.2）mm，内部直径为（13.7±0.3）mm。

（4）称量瓶

（5）容量瓶　1 000mL。

（6）烘箱　温度可控制在（150±5）℃。

（7）干燥器

（8）移液器　1～5mL。

三、操作步骤

1. 试样制备　测试样品要保存在 0～6℃

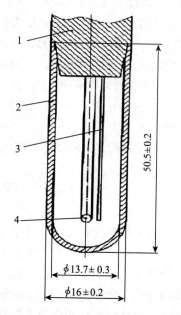

图 1-13-1　热敏电阻冰点仪检测装置
1. 顶杆　2. 样品管
3. 搅拌金属棒　4. 热敏探头

的冰箱中，样品抵达实验室时立即检测效果最好。测试前样品温度到达室温，且测试样品和氯化钠标准溶液测试时的温度应一致。

2. 仪器预冷　开启冰点仪，等待冰点仪传感探头升起后，打开冷阱盖，按生产商规定加入相应体积冷却液，盖上盖子，冰点仪进行预冷。预冷 30min 后，开始测量。

3. 常规仪器校准

（1）A 校准　用移液器分别吸取 2.20mL 校准液 A，依次放入三个样品管中，在启动后的冷阱中插入装有校准液 A 的样品管。当重复测量值在（−0.400±0.002）℃校准值时，完成校准。

（2）B 校准　用移液器分别吸取 2.20mL 校准液 B，依次放入三个样品管中，在启动后的冷阱中插入装有校准液 B 的样品管。当重复测量值在（−0.557±0.002 0）℃校准值时，完成校准。

4. 样品测定　将样品 2.20mL 转移到一个干燥清洁的样品管中，将待测样品管放到仪器上的测量孔中。冰点仪的显示器显示当前样品温度，温度呈下降趋势，测试样品达到−3.0℃时启动引晶的机械振动，搅拌金属棒开始振动引晶，温度上升，当温度不再发生变化时，冰点仪停止测量，传感头升起，显示温度即为样品冰点值。测试结束后，应保证探头和搅拌金属棒清洁、干燥，必要时，可用柔软洁净的纱布仔细擦拭。如果引晶在达到−3.0℃之前发生，则该测定作废，需重新取样。测定结束后，移走样品管，并用水冲洗温度传感器和搅拌金属棒并擦拭干净。每一样品至少进行两次平行测定，绝对差值≤4m℃时，可取平均值作为结果。

5. 分析结果的表述　如果常规校准检查的结果证实仪器校准的有效性，则取两次测定结果的平均值，保留三位有效数字。在重复条件下获得的两次独立测定结果的绝对差值不超过 4m℃。本方法检出限为 2m℃。

实验十四　牛乳体细胞数检测

乳房炎乳含有大量的致病菌，会给乳制品加工带来安全隐患。正常乳中体细胞数水平较低，多数来源于上皮组织的单核细胞，如果牛患乳房炎，会导致乳中体细胞数明显增高，因此，发现隐性乳房炎乳的唯一有效方法是检测乳中体细胞数，体细胞数以 Somatic Cell Count（SCC）表示。体细胞检验是每月按常规取样，将每头牛的乳样送往专门机构（或实验室）进行体细胞数检验。在监测体细胞数水平时，总乳样体细胞数及 Bulk Tank Somatic Cell Count（大贮罐乳体细胞数，BTSCC）可反映乳牛群体的整体卫生状况，比评价每头牛的 SCC 更有意义。乳中体细胞数正常情况下低于 20 万个/mL，第一次泌乳牛或管理优良的牧场体细胞数可低于 10 万个/mL。牛乳体细胞常用监测方法有加利福尼亚细胞数测定法（CMT）、威斯康星乳房炎实验（WAT）、电子体细胞计数法（DHI）和直接镜检法（CMSCC）。本实验介绍直接镜检法。

一、实验原理

将测试的生鲜牛乳涂抹在载玻片上成样膜，干燥、染色，显微镜下对细胞核可被亚甲基蓝清晰染色的细胞计数。

二、实验试剂和仪器设备

1. 试剂

（1）乙醇　95%。

（2）四氯乙烷（$C_2H_2Cl_4$）或三氯乙烷（$C_2H_3Cl_3$）

（3）亚甲基蓝（$C_{16}H_8ClN_3S \cdot 3H_2O$）

（4）冰醋酸（CH_3COOH）

（5）硼酸（H_3BO_3）

（6）染色溶液制备　在 250mL 三角瓶中加入 54.0mL 乙醇和 40.0mL 四氯乙烷，摇匀；在 65℃ 水浴锅中加热 3min，取出后加入 0.6g 亚甲基蓝，仔细混匀；降温后，置冰箱中冷却至 4℃；取出后，加入 6.0mL 冰醋酸，混匀后用砂芯漏斗过滤；装入试剂瓶，常温贮存。

2. 仪器

（1）显微镜　放大倍数×500 或×1 000，带刻度目镜、测微尺和机械台。

（2）微量注射器　容量 0.01mL。

（3）载玻片　具有外槽圈定的范围，可采用血球计数板。

（4）水浴锅

（6）电炉　加热温度（40±10）℃。

（7）砂芯漏斗　孔径≤10μm。

（8）干发型吹风机

（9）恒温箱

三、操作步骤

1. 试样的制备

（1）采集的生鲜牛乳应保存在 2～6℃ 条件下。若 6h 内未测定，应加硼酸防腐。硼酸在样品中的浓度不大于 0.6g 每百毫升样品，贮存温度 2～6℃，贮存时间不超过 24h。

（2）将生鲜牛乳样在 35℃ 水浴锅中加热 5min，摇匀后冷却至室温。

（3）用乙醇将载玻片清洗后，用无尘镜头纸擦干，火焰烤干，冷却。

（4）用无尘镜头纸擦净微量注射器针头后抽取 0.01mL 试样，用无尘镜头纸擦干微量注射器针头外残样。将试样平整地注射在有外围的载玻片上，立刻置于 40～45℃恒温箱中，水平放置 5min，形成均匀厚度样膜。在电炉上烤干，将载玻片上干燥样膜浸入染色溶液中，计时 10min，取出后晾干。若室内湿度大，则可用干发型吹风机吹干；然后，将染色的样膜浸入水中洗去剩余的染色溶液，干燥后防尘保存。

2. 测定

（1）将载玻片固定在显微镜的载物台上，用自然光或为增大透射光强度用电光源、聚光镜头、油浸高倍镜。

（2）单向移动机械台对逐个视野中载玻片上染色体细胞计数，明显落在视野内或在视野内显示一半以上形体的体细胞被用于计数，计数的体细胞不得少于 400 个。

四、结果计算

样品中体细胞数按下式计算：

$$X = \frac{100 \times N \times S}{a \times d}$$

式中：X 代表样品中体细胞数，个/mL；

N 代表显微镜体细胞计数，个；

S 代表样膜覆盖面积，mm^2；

a 代表单向移动机械台进行镜下计数的长度，mm；

d 代表显微镜视野直径，mm。

项目二　加工乳制品

实验十五　加工巴氏杀菌乳

巴氏杀菌乳是以新鲜牛奶为原料，采用巴氏杀菌法加工而成的牛奶，特点是采用72～85℃的低温杀菌，在杀灭牛奶中有害菌群的同时完好地保存了营养物质和纯正口感。经过离心净乳、标准化、均质、杀菌和冷却，以液体状态灌装，直接供给消费者饮用的商品乳。

一、主要设备

过滤净化设备、均质机、杀菌设备、液体灌装机。

二、原料

鲜牛乳

三、加工方法

（一）工艺流程

原料乳的验收→过滤、净化→预热均质→巴氏杀菌→冷却→灌装→封口→成品

（二）操作要点

1. 原料乳的验收　检测相对密度，滋味、气味，组织状态等，酸度应在18°T以下。

2. 过滤和净化　检验合格的乳称量再进行过滤净化。过滤用多层纱布，再于分离机进行净化，净化前将乳加热至35～40℃。

3. 预热均质　将牛乳加热至60～70℃（此温度下乳脂肪处于熔融状态），再进行均质处理。均质方法一般采用二段式，即第一段均质使用较高的压力（16～25MPa），目的是破碎脂肪球；第二段均质使用低压（3.4～4.9MPa），目的是分散已破碎的小脂肪球，防止粘连。

4. 巴氏杀菌　可低温长时间保温杀菌，加热条件一般为80～90℃、

$10\sim25min$。

5. 冷却 杀菌后将牛乳迅速冷却至4℃左右。

6. 灌装 冷却后可用玻璃瓶灌装，并马上封盖。

7. 冷藏 灌装后消毒乳应在0～4℃的条件下冷藏。

四、注意事项

消毒乳的生产过程应特别注意卫生，如设备的清洗、工作人员的个人卫生、空气的消毒等。

实验十六 制备酸乳发酵剂

能分解乳糖产生乳酸的细菌泛称为乳酸菌，酸乳发酵剂是由保加利亚乳杆菌和嗜热链球菌以1：1或1：2的比例组成，能促进乳酸化过程的乳酸菌产品。对于发酵乳加工来说，质量优良的发酵剂是不可缺少的。

一、主要用具

干热灭菌器、高压灭菌器、恒温箱、试管、母发酵剂容器、灭菌吸管、冰箱。

二、培养基及菌种

新鲜脱脂乳、保加利亚乳杆菌和嗜热链球菌1：1的混合菌种。

三、调制方法

1. 菌种的复活及保存 干粉状菌种只有通过反复接种才能恢复其正常活性。活化过程必须严格按照无菌操作程序进行操作。

（1）培养基灭菌 取新鲜脱脂乳装入洁净的带棉塞试管中，约为试管容量的1/3。然后进行高压灭菌（121℃、15～20min），冷却后即可接种。

（2）接种 接种时应将瓶口充分灭菌后，用接种环取出少量混合菌种，移入灭菌培养基中，根据使用菌种的特性，选择适宜的温度（一般为41～43℃），放入保温箱中进行培养。凝固后再取出1～2mL，再按上述方法移入灭菌培养基中。如此反复多次，待凝乳时间从最初的6～8h缩短至2～3h，乳酸菌活性即被充分活化，即可用于调制下一步的母发酵剂。将凝固后的菌种保存于0～5℃冰箱中。如果单以维持活力为目的，只需每隔一周移植一次。但正式生产之前，仍应按上述方法反复接种进行活化。

2. 母发酵剂的制备 取新鲜脱脂乳 100～300mL 于母发酵剂容器中，进行高压灭菌，然后迅速冷却。用灭菌吸管吸取培养基量的 1%～3% 的纯培养物接种，然后放入恒温箱中培养。凝固后放入冰箱或进行生产发酵剂的调制。

四、注意事项

接种时要严格执行无菌操作，否则会被杂菌污染。

实验十七 加工凝固型酸乳

酸乳是以生牛（羊）乳或乳粉为原料，经杀菌、发酵后制成的 pH 降低的产品。酸乳是由嗜热链球菌和保加利亚乳杆菌（德氏乳杆菌保加利亚亚种）共同发酵生产的。两者具有良好的相互促进生长的关系。两者共同作用于发酵乳中的乳糖产生乳酸，当乳 pH 达到酪蛋白的等电点，酪蛋白胶束便凝聚形成特有的网络结构。

一、主要设备

过滤净化设备、热交换器、均质机、杀菌设备、液体灌装机、恒温箱。

二、配料

鲜牛乳、白砂糖 6%～8%、生产发酵剂 2%～3%、酸乳稳定剂 0.1%～0.3%。

三、加工方法

（一）工艺流程

原料乳的验收→净化→加糖及稳定剂→预热均质→杀菌→冷却→接种→灌装（容器杀菌）→发酵→冷却→后熟与冷藏→成品

（二）操作要点

1. 原料乳的验收 原料乳质量要比一般乳制品原料乳的高，要选用符合质量要求的新鲜乳、脱脂乳或再制乳为原料，牛乳不得含有抗生素、噬菌体、CIP 清洗剂残留物或杀菌剂。因此，乳品厂用于制作酸乳的乳原料要经过选择，并对原料进行认真的检验。要求酸度在 18°T 以下，杂菌数不高于 500 000CFU/mL，乳中全乳固体不低于 11.5%。

2. 净化 称量经检验合格的乳，用净乳机过滤净化。

3. 加糖及稳定剂　加糖的方法是先将用于溶糖的原料乳加热到 50℃，再加入砂糖，待完全溶解后，经过滤除去杂质，再加入标准化的乳罐中。将稳定剂和适量糖干混，用 80℃ 左右热水溶解，然后加入牛乳中搅拌均匀。如原料乳质量好且干物质含量高，也可以不加稳定剂。

4. 预热均质　预热至 60～70℃，均质压力第一段 18～25MPa，第二段采用 8～10MPa。

5. 杀菌　将均质后的牛乳加热至 90～95℃，保持 5～10min。

6. 冷却　快速冷却至 45℃。

7. 接种　将生产发酵剂充分搅拌后按 2%～3% 加到牛乳中，充分搅拌 10min。另外，也可用直投式菌种。直投式菌种可以直接加到处理后的牛乳中进行发酵，省去了普通继代式菌种烦琐的操作，也减少了重复接种污染的机会及因此造成的产品质量不稳性。

8. 灌装　可根据设备情况采用塑料袋、玻璃瓶或塑料杯进行灌装，然后立即封口。

9. 发酵　将灌装好的牛乳放入恒温箱集中进行发酵，保持发酵温度 41～43℃，时间 3～4h，达到凝固状态时即可终止发酵，这时酸度应在 65～70°T。

10. 后熟与冷藏　发酵好的酸乳应在 4～6℃ 条件下冷藏 24h 再出售。这个过程主要是促进酸奶芳香成分产生，提高产品的黏稠度，以形成产品良好的滋味、气味和组织状态。一般酸乳储藏时间不应超过一周。

四、注意事项

（1）生产酸乳必须把好原料验收关，对加碱乳及抗生素残留乳应特别注意。必要时应先进行凝乳培养实验，样品不凝或凝固不好者不能生产。

（2）灌装速度要快，应尽可能在 0.5h 之内灌完。否则，物料温度降得过低，会使发酵时间延长，同时也会造成乳清析出及风味不良。

（3）添加的生产发酵剂不应有大的凝块，否则会造成发酵不均匀。

（4）发酵过程应尽量静止，避免振荡，否则会影响酸乳的凝固。

（5）发酵温度应恒定，避免忽高忽低，防止酸度不够或过高以及乳清析出。

实验十八　加工搅拌型酸乳

在酸乳生产工艺流程中，凝固型酸乳和搅拌型酸乳其发酵过程所产生的乳酸凝乳这一生化反应是一样的。不同的是凝固型酸乳是一种连续的半固体，而搅拌型酸乳在发酵终止后，在冷却和进行进一步加工之前有一个搅拌破乳的过程。目前从市场上看，大部分酸乳工厂以生产搅拌型酸乳为主。

一、主要设备

过滤净化设备、均质机、杀菌设备、发酵罐、液体灌装机。

二、配料

鲜牛乳、白砂糖 4%～6%、生产发酵剂 2%～3%、果料或果酱 4%～5%、稳定剂 0.3%～0.5%、香精 0.02%。

三、加工方法

（一）工艺流程

原料乳的验收→净化和标准化→添加糖及稳定剂→预热均质→杀菌→冷却→接种→发酵→冷却→搅拌→灌装→冷藏→成品

（二）操作要点

1. 原料乳的验收

2. 净化和标准化

3. 添加糖及稳定剂 将稳定剂和适量糖干混，用 80℃ 左右热水溶解后，加入牛乳中，搅拌使其混合均匀。如原料乳质量好且干物质含量高，也可不加稳定剂。

4. 预热均质 牛乳均质前应预热至 60～70℃，均质压力第一段可采用 16～20MPa，第二段采用 8～10MPa。

5. 杀菌 将均质后的牛乳加热至 90～95℃，保持 5～10min，然后冷却至 45℃。

6. 接种 将生产发酵剂充分搅拌后加到牛乳中，搅拌均匀。

7. 发酵 灌装好的酸乳应立即送入发酵罐中发酵。现生产酸乳最常用的菌种为保加利亚乳杆菌和嗜热链球菌 1：1 的混合菌种，发酵温度应保持在 41～43℃，培养时间 3～4h，达到凝固状态时即可终止发酵。这时酸度应在 70°T 以上。

8. 冷却搅拌 发酵结束后，将物料冷却至 10℃ 以下进行搅拌。目的是使果料等辅料与酸奶凝胶体混合均匀，属于物理处理过程，但也会引起一些化学变化。因为酸奶凝胶体属于假塑性凝胶体，剧烈的机械力或过长时间的搅拌会使酸奶硬度和黏度降低，乳清析出。若混入大量空气还会引起相分离现象。因此，对于搅拌型酸奶来说，完成搅拌的最佳机械处理是最重要的。搅拌开始时宜用较慢速度，然后用较快速度，整个过程不要超过 30min。搅拌效果除了受搅拌设备类型影响外，也受搅拌时间、凝胶体的酸度和温度等因素影响。最好用宽叶片型搅拌器，若是小规模生产也可用手动搅拌法，手动搅拌法可使酸奶的组织状态损伤程度最低。

9. 混合灌装　如需加果酱、果料可在此时加入，但需事先杀菌，也可加入香精、香料调香。物料完全混合均匀后即可进行灌装。

10. 冷藏　在 0～4℃冷库中进行后熟与冷藏。

四、注意事项

（1）发酵后最适宜的搅拌温度为 5～7℃，此时适于亲水胶体的破坏，可得到均匀、光滑的凝固物。如在高温下搅拌，凝胶体易形成薄片状或砂状结构等缺陷。

（2）搅拌过程应缓和，不可过于激烈，否则易造成乳清的大量析出。

实验十九　加工活性乳酸菌饮料

乳酸菌饮料因其所采用的原料及制作处理方法不同，一般分为酸乳型和果蔬型两大类。根据产品中是否存在活性乳酸菌（是否进行后杀菌），分为活菌型和杀菌型两大类。

酸乳型乳酸菌饮料是在酸乳的基础上将其破碎，配入白糖、香料、稳定剂等通过均质而制成的均匀一致的液态饮料。果蔬型乳酸菌饮料是在发酵乳中加入适量的浓缩果汁、蔬菜汁浆（如柑橘汁、草莓浆、苹果汁、椰汁、番茄浆、胡萝卜汁、玉米浆、南瓜汁等）或在原料中配入适量的果蔬汁共同发酵后，再通过加糖、稳定剂或香料等调配、均质后制作而成。

一、主要设备

电子天平、调配罐、均质机、杀菌设备、发酵罐、灌装设备、不锈钢锅等。

二、配料

鲜牛乳或脱脂乳粉、白砂糖、乳酸菌发酵剂、羧甲基纤维素钠、乳酸、色素、香料、饮用水等。

三、加工方法

（一）工艺流程

乳酸菌发酵剂
↓

新鲜或复原脱脂乳→验收→标准化→均质→杀菌→冷却→接种→发酵→冷却、破碎凝乳→混合调配→均质→（杀菌）→冷却→灌装→成品

（二）配方

表 1-19-1 和表 1-19-2 是常用的两种乳酸菌饮料的配方。

表 1-19-1 酸乳型乳酸菌饮料配方（%）

原料	比例	原料	比例
发酵脱脂乳	40.00	香料	0.05
蔗糖	14.00	色素	适量
稳定剂	0.35	水	45.60

表 1-19-2 果蔬型乳酸菌饮料配方（%）

原料	比例	原料	比例
发酵脱脂乳	5.0	维生素 C	0.05
果汁	10.00	香料	适量
蔗糖	14.00	色素	适量
稳定剂	0.20（必要时）	水	70.50
柠檬酸	0.15		

（三）操作要点

1. 原料乳的处理 将新鲜或复原脱脂乳标准化至非脂乳固体含量在 9%～10%。在生产乳酸菌饮料时，应选用脱脂乳，而不采用全脂乳，主要是防止产品中脂肪的上浮以及贮藏和销售过程中的脂肪氧化。如果在原料乳中添加果蔬汁浆，最好混合后进行均质，让原料充分混合，有利于下一步发酵。

2. 净化及标准化 除去乳中的杂质并对原料乳中的蛋白质、脂肪等指标进行调整，建议将调配料中的非脂乳固体含量调整到 15%～18%。

3. 巴氏杀菌 温度为 90～95℃，保持 5～10min。

4. 冷却 杀菌后的牛乳打入发酵罐中，迅速冷却到 45℃。

5. 接种 生产活菌型乳酸菌饮料时，为了提高产品的保健作用，有时可

加入嗜酸乳杆菌、双歧杆菌等保健作用较强的菌种。但在生产杀菌型乳酸菌饮料时，只需考虑其产酸能力以及风味即可。因此，在选用发酵剂菌种时，主要是采用酸乳发酵剂，或者单独采用保加利亚乳杆菌，有时也采用发酵温度较低的干酪乳杆菌。发酵剂的接种量通常为 2%～3%。

6. 发酵　发酵罐保持恒温在 41～43℃，发酵 5～6h，当牛乳呈均匀凝乳状时，测其滴定酸度 100～110°T 时，可终止发酵。

7. 冷却　发酵后的凝乳用冷水冷却，同时缓慢搅拌，破碎凝乳，使其成均匀黏稠状液体，随后打入配料罐中。

8. 混合与调配　白砂糖和稳定剂混合后打入配料罐，补足水量，搅拌，同发酵乳混合均匀。将柠檬酸和乳酸配成 10% 的溶液，经过滤后徐徐加入搅动的料液中，添加时温度以 20℃ 以下最佳，香精和色素最后加入。

10. 均质　为了提高乳饮料的稳定性，必须进行均质，均质前应进行过滤，均质压力为 10～15MPa，温度为 53℃ 左右。

11. 灌装　采用无菌灌装。

12. 冷藏　成品需在 0～4℃ 冷藏。

四、注意事项

（1）选择黏性较强的乳酸菌种，同时要选择适宜的稳定剂，使产品既有一定的黏稠度，又要爽滑可口。

（2）活性乳产品既要有活性乳酸菌存在，又要有一定的保质期。因此要选择后产酸性相对稳定的乳酸菌种，同时要控制良好的卫生条件，尤其是环境卫生和设备的清洗。

实验二十　加工冰激凌

冰激凌是以饮用水、乳制品、蛋制品、甜味料、香味料、食用油脂等为主要原料，加入适量香料、乳化剂、稳定剂、着色剂等食品添加剂，经混合、杀菌、均质、老化、凝冻等工艺或再经成型、硬化等工序而制成的体积膨胀的冷冻饮品。不同产品在成分和外形上存在明显区别。根据消费形式的不同，可以将其分为软质冰激凌和硬质冰激凌。

一、主要设备

调配罐、均质机、老化缸、连续凝冻机、速冻柜、冷库、电子秤、不锈钢容器等。

二、配料

白砂糖 120g、全脂淡奶粉 120g、奶油 60g、玉米淀粉 20g、复配稳定剂 3g、蛋黄 20g、水补充至 1 000g，香精、色素适量或不添加。

制作出的冰激凌产品应符合下列要求：

总固形物含量≥32%　　　蔗糖含量 13%～15%

脂肪含量 8%～14%　　　稳定剂 0.3%～0.5%

蛋白质含量≥3.2%

三、加工方法

（一）工艺流程

香精及色素
↓

混合料的配制→均质→杀菌→冷却→老化成熟→凝冻→灌装→包装→速冻硬化→低温贮藏

（二）操作要点

1. 清洗和消毒　主要设备用清水刷洗干净后再用 80～90℃热水消毒。

2. 物料称量　按配方将各原辅料准确称量。

3. 配料　原辅料要计量准确，并按适当的顺序予以投料并混合均匀。

（1）方法步骤

①水　按配方将各原辅料计量好，饮用水先倒入配料罐。

②冷水下蛋黄　蛋黄用配方中少许冷水搅匀后加入水中，搅拌 5min。

③升温至 45～50℃缓慢加入乳粉，先低速搅拌 3min，在高速搅拌 5min，直到奶粉完全溶解，静置 30min；加糖，搅拌 3min。

④再升温至 65℃，将稳定剂、玉米淀粉与糖干混（稳定剂与糖比例约为 1：10）慢慢加入奶液中，高速搅拌 5min。

⑤继续升温至 60～65℃，加入奶油溶解完全。（奶油可先用隔水加热溶解或用刀切成小块后再使用）。

（2）配料注意事项

①投料原则　从液态向固态，低浓度到高浓度，易溶到难溶。为防凝固，鸡蛋最先下，再溶奶粉，稳定剂，最后加奶油。

②关于投料温度　根据物料特性温度逐渐升高。

4. 杀菌 冰激凌原料的杀菌方式一般采用保持式杀菌 80～85℃、20～30min 或高温短时杀菌 90～95℃、15s，而不用超高温杀菌。

5. 均质 混合料配制好即可进行均质。将混合料升温至 60～65℃，均质压力第一段可采用 16～20MPa，第二段采用 5～8MPa。

6. 老化成熟 杀菌后的混合料应迅速冷却至 0～4℃，并在此温度下保持一段时间进行物理成熟。根据混合料组成的不同，成熟时间一般为 4～24h。目前由于加工设备的改进，乳化增稠剂的改良，也有的生产省去了成熟工序，但一般认为还需要 2～4h 的成熟期。

7. 添加香料及色素 将香精、色素等添加到混合料中，通过强力搅拌，在短时间内使之混合均匀。

8. 凝冻 在连续式冰激凌凝冻机中，混合料温度降低，附着在内壁的浆料立即冻结成冰激凌霜层，在紧贴凝冻筒内壁并经快速飞转的两把刮刀刮削，在偏心棒的强烈搅拌和外界空气的混合等作用下，使乳化了的脂肪凝聚，混合料逐渐变厚，体积膨大成为软质冰激凌，温度为 －10～－5℃。

9. 灌装成型、装饰 凝冻后的冰激凌应立即灌装。灌装容器的材料应符合国家有关标准的规定。冰激凌有冰砖、纸杯、蛋筒、浇模成型、巧克力涂层冰激凌、异形冰激凌切割线等多种成型设备用以成型。

10. 硬化 将灌装好的冰激凌放入 －25℃ 的低温硬化室中冻结 10～12h。

11. 贮藏 硬化后的冰激凌应立即送入冷冻室贮藏。温度以 －20～－18℃ 为宜，相对湿度 85%～90%。

四、注意事项

1. 间歇式凝冻机应注意投料量，为使混合料得到充分膨胀，一般投料量为凝冻缸总容量的 1/2。

2. 凝冻结束出料时要注意冰激凌的硬度和形状，其硬度以出料时不困难为原则，形状以半流体为佳，装入容器不产生低洼现象。

3. 硬化要及时，否则冰激凌表层融化，再次冻结时会形成粗糙组织。

4. 冰激凌贮藏时冷库温度要恒定，不能忽高忽低，否则会形成粗糙组织。

实验二十一　加工巧克力风味乳饮料

风味乳饮料是指以新鲜牛乳为原料（含乳 30% 以上），加入水与适量辅料如可可、咖啡、果汁和蔗糖等物质，经有效杀菌制成的具有相应风味的含乳饮料。根据国家标准，乳饮料中的蛋白质及脂肪含量均应大于 1％。

一、主要设备

天平、不锈钢锅、过滤净化设备、均质机、杀菌设备、液体灌装机。

二、配方

原料乳 80％～90％（或乳粉 9％～11％）、蔗糖 10％～12％、可可粉 1％～3％、稳定剂 0.2％～0.3％、巧克力香精色素适量、软化水适量。

常用的稳定剂有：海藻酸丙二醇酯（PGA）、耐酸性羧甲基纤维素（CMC）、明胶等。明胶容易溶解，使用比较方便。

三、加工方法

（一）工艺流程

全乳或乳粉、可可粉、溶解后的稳定剂、糖浆→混合→预热均质→杀菌→冷却→灌装→成品

（二）操作要点

1. 乳粉的复原 使用优质新鲜乳或乳粉为原料。使用乳粉时，用大约一半的 50℃左右的软化水来溶解乳粉，确保乳粉完全溶解。

2. 可可粉的预处理 使用高质量的碱化可可粉。因为碱化能降低可可的酸度，使其具有令人满意的色泽、风味及良好的分散性。同时，为了防止可可颗粒沉淀及保护均质机的均质头，可可粉中的壳含量及可可粉的粒度应控制在一定的范围，可可壳含量应小于 1.75％，可可粉粒度为 99.5％通过 200 目。

由于可可粉中含有大量的芽孢，同时含有许多颗粒，因此为保证灭菌效果和改进产品的口感，在加入牛乳中时可可粉必须经过预处理。在生产中，一般先将可可粉溶于热水中，然后将可可浆加热到 85～95℃，并在此温度下保持 20～30min，最后冷却，再加入牛乳中。

3. 稳定剂的溶解 一般将稳定剂与其 5～10 倍的糖混合，然后溶解于 80～90℃的软化水中。

4. 配料 将所有的原辅料加入配料罐中后，低速搅拌 15～25min，以保证所有的物料混合均匀，尤其是稳定剂能均匀分散于乳中。

5. 预热 将混合好的物料预热到 65～85℃。

6. 均质 将预热后的物料在 18～25MPa 条件下均质。

7. 杀菌 均质后的物料经 72℃，15s 巴氏杀菌。

8. 冷却、包装 物料冷却至 20℃ 以下，香料和色素在冷却后、包装前加入，包装后立即放入 4℃ 冰箱内冷藏。

四、注意事项

（1）用鲜奶比用奶粉效果要好。

（2）杀菌后有少量沉淀为正常现象，用软包装可避免，或摇匀冷却后即消失。

实验二十二 加工调配型果味乳饮料

调配型酸性含乳饮料是指用乳酸、柠檬酸或果汁将牛乳的 pH 调整到酪蛋白的等电点（pH 4.6）以下而制成的一种乳饮料。根据国家标准，这种饮料的蛋白质含量应大于 1％，因此它属于乳饮料的一种。

一、主要设备

天平、不锈钢锅、过滤净化设备、均质机、杀菌设备、液体灌装机。

二、配料

乳粉 3％～12％、蔗糖 12％、柠檬酸钠 0.5％、柠檬酸调 pH 至 3.8～4.0、稳定剂 0.35％～0.6％、香精及色素适量、纯净水加至 100％。

三、加工方法

（一）工艺流程

柠檬酸溶液
↓

调制乳液→加入稳定剂及糖→调酸→预热均质→杀菌→调香、调色→灌装→二次杀菌→成品

（二）操作要点

1. 乳粉的复原 用大约一半的 55℃ 左右的软化水来溶解乳粉，确保乳粉完全溶解。

2. 稳定剂的溶解 将稳定剂与为其质量 5～10 倍的白砂糖预先干混，然后在高速搅拌下（2 500～3 000r/min），将稳定剂和糖的混合物加入 70℃ 左右的热水中打浆溶解，经胶体磨分散均匀。考虑到成本问题通常使用海藻酸丙二醇酯（PGA）、耐酸性羧甲基纤维素（CMC）等，两种或两种以上稳定剂复合

使用比单一使用效果好。

3. 混料　将稳定剂溶液、剩余白砂糖及其他甜味剂，加入原料乳或还原乳中，混合均匀后，进行酸化。

4. 酸化　酸化过程是调配型酸性含乳饮料加工中最重要的步骤，成品的品质取决于调酸过程。为了得到最佳的酸化效果，酸化前应将牛乳的温度降至20℃以下。为保证酸溶液与牛乳充分均匀地混合，混料罐应配备高速搅拌器，同时酸味剂用软化水稀释（10%～20%溶液）缓慢地加入或泵入混料罐，通过喷洒器以液滴形式迅速、均匀地分散于混合料液中。加酸液浓度太高或过快，会使酸化过程形成的酪蛋白颗粒粗大，产品易出现沉淀现象。为了避免局部酸度偏差过大，可在酸化前在酸液中加入一些缓冲盐类如柠檬酸钠等。为保证酪蛋白颗粒的稳定性，在升温及均质前，应先将牛乳的 pH 降至 4.0 以下。

5. 调和　酸化过程结束后，将香精、复合微量元素及维生素加入酸化的牛乳中，同时对产品进行标准化定容。

6. 均质　为了提高乳饮料的稳定性必须进行均质，均质前应进行过滤，过滤后预热至 50～65℃，均质压力为 10～15MPa。

7. 杀菌　装罐后在实验室可进行 72℃，15s 巴氏杀菌，杀菌后立即冷却至室温。

四、注意事项

（1）稳定剂溶解一定要充分。为使稳定剂能更均匀地分散在牛乳中，可先将加入稳定剂的牛乳均质，然后再进行调酸。

（2）加酸条件和方法尤为重要，如操作不当，易使产品分层。加酸时一定要注意三个原则：一是调酸时加酸的速度要慢，搅拌速度要快，最好喷洒加入；二是酸溶液及乳液的温度控制在 60℃以下，否则容易造成蛋白质凝固；三是酸的浓度要尽量低。

（3）水质状况对产品稳定性至关重要，如原料水硬度较高，一定要进行软化处理，否则会引起蛋白质的凝固。

（4）可用优质乳粉代替鲜乳加工果乳饮料，使用量一般为 4%左右。

实验二十三　制作干酪

干酪，又名奶酪、乳酪，或译称芝士、起司、起士。它是在牛乳、稀奶油、脱脂或部分脱脂乳、酪乳或其中的化合物凝结后通过排放液体（乳清）而得到的，内含丰富的蛋白质、乳脂肪、无机盐和维生素及其他微量成分等。干酪种类多样，干酪从广义上可分为天然干酪与再制干酪两大类。在天然干酪中，又可以根据软硬程度分为软质干酪、半硬质干酪、硬质干酪、超硬质干酪4种，或根据成熟方法分为非成熟、霉菌成熟、表面洗浸与细菌成熟、霉菌与细菌成熟、细菌成熟5种。

一、主要设备

干酪槽、干酪刀、干酪模具、加热拉伸机、压榨机、pH 计、温度计、真空包装机、冰箱或冷库等。

二、主要原料

无抗生素原料乳、发酵剂（嗜热型和嗜温型均可）、凝乳酶、食品级 $CaCl_2$、食盐、尼龙聚乙烯复合薄膜等。

三、加工方法

（一）工艺流程

原料乳杀菌→冷却→添加发酵剂→预酸化→添加皱胃酶及凝乳酶→凝块形成→凝块切割→搅拌、加热及排除乳清→加盐→成形压榨→发酵成熟→上色挂蜡→成品

（二）操作要点

1. 原料乳的前处理　原料乳经验收、净化后进行标准化，使酪蛋白和脂肪的比值为 $0.69\sim0.71$，进行 $63\sim65℃$、30min 的巴氏杀菌，冷却至 $30\sim32℃$，注入事先杀菌处理过的干酪槽内。

2. 添加发酵剂　乳温在 $30\sim32℃$ 添加原料乳量 $1\%\sim2\%$ 的发酵剂并搅拌均匀后，加入原料乳量 $0.01\%\sim0.02\%$ 的 $CaCl_2$（配成溶液后加入），要徐徐加入并搅拌均匀。静置发酵 $30\sim40min$，此过程成为预酸化，而后取样测定酸度。发酵温度 $32℃$，约 1h，酸度至 $20\sim24°T$ 时加入凝乳酶。

3. 添加凝乳酶　酸度达到 $0.18\%\sim0.2\%$ 时，再添加 $0.002\%\sim0.004\%$ 的凝乳酶（用 1% 的食盐水将凝乳酶配制成 2% 溶液），搅拌 $4\sim5min$ 后，静置凝乳。添加凝乳酶时，温度一般保持在 $28\sim33℃$ 范围内，要求在 40min 内凝结成半固态。凝块无气孔，摸触时有软的感觉，乳清透明，表明凝固状况良好。

4. 凝块切割　凝乳酶添加后 $20\sim40min$，当乳凝固后，凝块达到适当硬度时，即可开始切割。先沿着干酪槽长轴用水平式刀平行切割，再用垂直式刀沿

长轴垂直切后，沿短轴垂直切，使其成为 0.7～1.0cm 的小立方体。

5. 搅拌、加热及排除乳清 切后乳清酸度一般应为 0.11％～0.13％。在温度 31℃ 搅拌 25～30min，促进乳酸菌发酵产酸和凝块收缩渗出乳清。然后排出 1/3 量的乳清，开始以每分钟升高 1℃ 的速度搅拌加温。当温度最后升至 38～39℃ 后停止加温，继续搅拌 60～80min。乳清酸度达 0.17％～0.18％ 时，凝块收缩至原来的一半，用手捏干酪粒感觉有适度弹性即可排除全部乳清。

6. 加盐及成形压榨 先将干酪颗粒堆积在干酪槽的一端，用带孔的压板压紧，继续排除乳清，并使其成块。

将干酪块用破碎机处理成边长 1.5～2.0cm 的碎块。破碎的目的在于加盐均匀，成型操作方便，除去堆积过程中产生的不愉快气味。然后采用干盐撒布法加盐。当乳清酸度为 0.8％～0.9％，凝块温度为 30～31℃ 时，按凝块量的 2％～3％ 加入精盐粉。一般分 2 或 3 次加入，并不断搅拌，以促进乳清排出和凝块收缩，调整酸的生成。

将凝块装入专用的定型器中，在 27～29℃ 进行压榨。开始预压榨时压力要小，逐渐加大。用规定压力 0.35～0.4MPa，压榨 20～30min，成型后再压榨 10～12h，最后正式压榨 1～2d。压榨结束后，从成形器中取出的干酪为生干酪。

7. 发酵成熟 为了改善干酪的组织状态，赋予干酪特有的滋味，成型后的生干酪需在 5～15℃ 的温度和 80％～90％ 的相对湿度条件下，保持 2～6 个月进行成熟。

8. 上色挂蜡 为了延缓水分的蒸发、防止霉菌生长和增加美观，将成熟后的干酪清洗干燥后，用食用色素上色。等色素完全干燥后再在 160℃ 的石蜡中挂蜡，或用收缩塑料薄膜进行密封。成品要求于 5℃ 的低温和 88％～90％ 的相对湿度条件下储藏。

四、注意事项

（1）凝乳时间应控制在 25～40min，过长或过短均对干酪质量有影响，可通过酶量、凝乳温度控制。

（2）切块 虽不同品种切块大小不一，但同一品种的切块必须大小均匀，否则会因排乳清不均影响干酪的质量。

（3）切块后搅拌 开始一定要轻轻缓慢地进行，否则切块破碎，增加蛋白损失，影响产量；二次加温要缓慢升温，以免影响切块排乳清，进而影响干酪的质量。

（4）压模时要保证一定的压力，否则成形不好，不易切割。

Part **02** 第二部分

肉制品加工

项目一　原料肉新鲜度测定

检验肉品的新鲜度，一般是从感官性状、腐败分解产物的特性和数量及细菌污染程度等三方面来进行的，采用单一的方法很难获得正确的结果。因为肉的变质是一个渐进过程，其变化又很复杂，很多因素都影响着人们对肉新鲜度的正确判断。所以，实践中一般都采用感官检验和实验室检验结合的综合检验方法。通常先进行感官检验，其感官性状完全符合新鲜肉指标时，可允许出售。当感官检验不能确定是否为新鲜肉时，则应做实验室检验，并综合两方面的结果作为卫生评定。

实验二十四　肉与肉制品的取样

肉与肉制品检验的取样方法依据为 GB/T 9695 的第 19 部分，适用于肉与肉制品中理化检验的取样，不适用于以微生物检验为目的的取样。

一、取样要求

1. 取样人员

（1）取样人员应经过技术培训，具有独立工作的能力。

（2）取样人员应防止样品污染。

2. 取样设备和容器

（1）直接接触样品的容器的材料应防水、防油。

（2）容器应满足取样量和样品形状的要求。

（3）取样设备应清洁、干燥，不得影响样品的气味、风味和成分组成。

（4）使用玻璃器皿要防止破损。

二、取样程序

1. 一般原则

（1）所取样品应尽可能有代表性。

（2）应抽取同一批次同一规格的产品。

（3）取样量应满足分析的要求，不得少于分析取样、复验和留样备查的总量。

2. 鲜肉的取样 从 3～5 片胴体或同规格的分割肉上取若干小块混为一份样品。每份样品为 500～1 500g。

3. 冻肉的取样

成堆产品 在堆放空间的四角和中间设采样点，每点从上、中、下三层取若干小块混为一份样品，每份样品为 500～1 500g。

包装冻肉 随机取 3～5 包混合，总量不得少于 1 000g。

4. 肉制品的取样

（1）每件 500g 以上的产品 随机从 3～5 件上取若干小块混合，共 500～1 500g。

（2）每件 500g 以下的产品 随机取 3～5 件混合，总量不得少于 1 000g。

（3）小块碎肉 从堆放平面的四角和中间取样混合，共 500～1 500g。

三、样品的包装和标识

1. 样品的包装 装实验室样品的容器应由取样人员封口并贴上封条。

2. 样品的标识

（1）取样人员将样品送到实验室前须贴上标签。

（2）标签应至少标注取样人员和取样单位名称、取样地点和日期、样品的名称、等级和规格、样品特性、样品的商品代码和批号等信息。

四、样品的运输和贮存

（1）取样后尽快将样品送至实验室。

（2）运输过程须保证样品完好加封。

（3）运输过程中须保证样品没受损或未发生变化。

（4）样品到实验室后尽快分析处理，易腐易变样品应置冰箱或特殊条件下贮存，保证不影响分析结果。

（5）完成取样报告。

实验二十五 原料肉的感官评定

感官检验是通过检验者的视觉、嗅觉、触觉及味觉等感觉器官，对肉品的新鲜度进行检查。这种方法简便易行，一般既能反映客观情况，又能及时做出结论。感官指标是国家规定检验肉品新鲜度的标准之一，是肉品新鲜度检验最基本的方法。

感官检验主要是观察肉品表面和切面的颜色，观察和触摸肉品表面和新切面的干燥、湿润及黏手度，用手指按压肌肉判断肉品的弹性，嗅闻气味判断是否因变质而发出氨味、酸味和臭味，观察煮沸后肉汤的清亮程度、脂肪滴的大小以及嗅闻其气味，最后根据检验结果作出综合判定。

一、实验目的

在熟悉原料肉感官特性基础上，通过实验要求掌握肉的感官评定方法和标准。

二、实验仪器

每个实验小组准备：检肉刀 1 把、手术刀 1 把、外科剪刀 1 把、镊子 1 把、温度计 1 支、100mL 量筒 1 个、200mL 烧杯 3 个、表面皿 1 个、酒精灯 1 个、石棉网 1 个、天平 1 台、电炉 1 个。

三、检验的内容

1. 视检　在自然光线下，观察肉的表面及脂肪的色泽，有无污染附着物，用刀顺肌纤维方向切开，观察断面的颜色、肉的色泽、干湿程度、组织状态等。

2. 嗅检　在常温下嗅肉的气味（香、臭、腥、膻等）的有无、强弱。

3. 味检　肉汤的滋味是否鲜美、香甜、苦涩、酸臭等。

4. 触检　用食指按压肉表面，触感其硬度、指压凹陷恢复情况、表面干湿及是否发黏。触压肉块判断其组织弹性、黏滑程度以及纤维的嫩度等。

5. 听检　检查冻肉时听敲击声的清脆或混浊度。

6. 肉汤　称取碎肉样 20g，放在烧杯中加水 10mL，盖上表面皿罩于电炉上加热至 50～60℃时，取下表面皿，嗅其气味。然后将肉汤煮沸，静置观察肉汤的透明度及表面的脂肪滴情况。

四、检验评定标准

按下列国家标准评定，参见表 2-25-1、表 2-25-2、表 2-25-3、表 2-25-4、表 2-25-5、表 2-25-6。

表 2-25-1 鲜猪肉、鲜羊肉、鲜兔肉感官指标

项目	一级鲜度	二级鲜度
色泽	肌肉有光泽，红色均匀，脂肪洁白或淡黄色	肌肉色稍暗，切面尚有光泽，脂肪缺乏光泽
黏度	外表微干或有风干膜，不黏手	外表干燥或黏手，新切面湿润
弹性	指压后的凹陷立即恢复	指压后的凹陷恢复慢且不能完全恢复
气味	具有鲜猪肉、鲜羊肉、鲜兔肉的正常气味	稍有氨味或酸味
煮沸后肉汤	透明澄清，脂肪团聚于表面，具特有香味	稍有浑浊，脂肪呈小滴浮于表面，香味差或无鲜味

表 2-25-2 鲜鸡肉感官指标

项目	一级鲜度	二级鲜度
眼球	眼球饱满	眼球皱缩凹陷，晶体稍浑浊
色泽	皮肤有光泽，因品种不同而呈淡黄、淡红、灰白或灰黑等色，肌肉切面发光	皮肤色泽转暗，肌肉切面有光泽
黏度	外表微干或微湿润，不黏手	外表干燥或黏手，新切面湿润
弹性	指压后的凹陷立即恢复	指压后的凹陷恢复慢且不能完全恢复
气味	具有鲜鸡肉的正常气味	无其他异味，唯腹腔内有轻度不快味
煮沸后肉汤	透明澄清，脂肪团聚于表面，具特有香味	稍有浑浊，脂肪呈小滴浮于表面，香味差或无鲜味

表 2-25-3 冻猪肉（解冻后）感官指标

项目	一级鲜度	二级鲜度
色泽	肌肉有光泽，色红均匀，脂肪洁白无霉点	肌肉色稍暗红，缺乏光泽，脂肪微黄或有少量霉点
组织状态	肉质紧密，有坚实感	肉质软化或松弛
黏度	外表及切面微湿润，不黏手	外表湿润，微黏手，切面有渗出液，不黏手
气味	无异味	稍有氨味或酸味

表 2-25-4　冻牛肉（解冻后）感官指标

项目	一级鲜度	二级鲜度
色泽	肌肉色均匀，有光泽，脂肪白色或微黄色	肉色稍暗，肉与脂肪缺乏光泽，但切面尚有光泽，脂肪稍发黄
黏度	肌肉外表微干或有风干膜，或外表湿润不黏手	外表干燥或轻度黏手，切面湿润黏手
组织状态	肌肉结构紧密，有坚实感，肌纤维韧性强	肌肉组织松弛，肌纤维有韧性
气味	具有牛肉的正常气味	稍有氨味或酸味
煮沸后肉汤	透明澄清，脂肪团聚于表面，具有鲜牛肉汤固有的香味和鲜味	稍有浑浊，脂肪呈小滴浮于表面，香味、鲜味较差

表 2-25-5　冻羊肉（解冻后）感官指标

项目	一级鲜度	二级鲜度
色泽	肌肉色鲜艳，有光泽，脂肪白色	肉色稍暗，肉与脂肪缺乏光泽，但切面尚有光泽
黏度	外表微干或有风干膜，或湿润不黏手	外表干燥或轻度黏手，切面湿润黏手
组织状态	肌肉结构紧密，有坚实感，肌纤维韧性强	肌肉组织松弛，肌纤维有韧性
气味	具有羊肉的正常气味	稍有氨味或酸味
煮沸后肉汤	透明澄清，脂肪团聚于表面，具有羊肉汤固有的香味和鲜味	稍有浑浊，脂肪呈小滴浮于表面，香味、鲜味较差

表 2-25-6　冻鸡肉（解冻后）感官指标

项目	一级鲜度	二级鲜度
眼球	眼球饱满或平坦	眼球皱缩凹陷，晶体稍浑浊
色泽	皮肤有光泽，因品种不同而呈淡黄、淡红、灰白或灰黑等色，肌肉切面发光	皮肤色泽转暗，肌肉切面有光泽
黏度	外表微湿润，不黏手	外表干燥或黏手，新切面湿润
弹性	指压后的凹陷恢复慢，且不能完全恢复	肌肉发软，指压后的凹陷不能恢复

（续）

项目	一级鲜度	二级鲜度
气味	具有鸡肉的正常气味	无其他异味，唯腹腔内有轻度不快味
煮沸后肉汤	透明澄清，脂肪团聚于表面，具特有香味	稍有浑浊，脂肪呈小滴浮于表面，香味差或无鲜味

实验二十六　原料肉 pH 测定

目前常用测定溶液 pH 的方法有两种，一种是比色法，另一种是电位法。比色法是利用不同的酸碱指示剂来显示 pH。由于各种酸碱指示剂在不同的 pH 范围显示不同的颜色，因此，可以用不同指示剂的混合物显示各种不同的颜色来指示溶液的 pH，比色法简便易行，但只能测得粗略的近似值，我们常用的 pH 试纸就属于这一类。

电位法是用酸度计测定溶液的 pH，酸度计是用一支能指示溶液 pH 的玻璃电极作指示电极，用甘汞电极作参比电极组成一个电池，浸入被测溶液中，此时所组成的电池产生一个电位差。电位差的大小与溶液中的氢离子活度，即 pH 有直接关系，结合能斯特方程：$E=E_0+0.059\ 1Log\ [aH]$（25℃），即 $E=E_0-0.059\ 1HP$。

在 25℃时，每相差一个 pH 单位，就产生 59.1mV 的电极电位，pH 可在仪器的刻度上直接读出。

一、实验原理

肉腐败时，肉蛋白质在细菌酶的作用下，被分解为氨和胺类化合物等碱性物质，使肉趋于碱性，pH 显著升高。

二、仪器

切分刀具、组织搅碎机、玻璃棒、温度计、酸度计、天平、量筒、烧杯、三角瓶、蒸馏水。

三、方法与步骤

1. 肉样浸出液制备　取肉样 20～30g，切去表层的 1cm，然后将脂肪、结缔组织、腱除去并用刀剁碎。称取碎肉样 10g 放于 200mL 烧杯中，加入预先煮沸并冷却的蒸馏水 100mL，静止，每隔 5min 用玻璃棒搅拌一次，30min 后用滤纸过滤至三角瓶备用。

2. pH 计的校正

（1）置开关于"pH"位置，接通电源，启动开关，预热 30min。

（2）用标准缓冲溶液洗涤烧杯和电极 2～3 次，然后将适量标准缓冲溶液注入 50mL 烧杯内，将电极浸入溶液中，使玻璃电极的玻璃珠和甘汞电极的毛细管浸入溶液。

（3）调节温度补偿器，使指针指在缓冲液的温度。

（4）调节零点调节器使指针指在"0"位置。

（5）将电极接头同仪器相连（甘汞电极接入接线柱，玻璃电极插入插孔）。

（6）按下读数开关，然后调节电位调节器，使指针指在缓冲溶液的 pH。

（7）放开读数开关，指针应回"0"处，如有变动，按（6）项重复调节，调节好后切勿再旋动定位调节器，否则必须重新校正。

3. 测量

（1）取肉样浸出液 40mL，注入 50mL 烧杯中。

（2）先用蒸馏水冲洗酸度计电极 2～3 次，吸干。再用样品试液洗涤电极。

（3）酸度计电极放入肉样浸出液中，1min 后读取被测液 pH。

（4）测量完毕后，将电极和烧杯洗净，并妥善保存。

4. 注意事项

（1）甘汞电极中的氯化钾溶液应经常保持饱和，且在弯管内不应有气泡。否则将使溶液隔断。

（2）甘汞电极下端的毛细管与玻璃电极之间形成通路，因此在使用前必须检查毛细管并保证其畅通。检查方法是，先将毛细管擦干，然后用滤纸贴在毛细管末端，如有溶液下，则证明毛细管未堵塞。

（3）使用甘汞电极时，要把加氯化钾溶液处的小橡皮塞拔去，以使毛细管保持足够的压差，从而有少量氯化钾溶液从毛细管中流出，否则样品试液进入毛细管将使测定结果不准确。

（4）新的玻璃电极在使用前，必须在蒸馏水中或 0.1mol/L 盐酸中浸泡一昼夜以上，不用时最好也浸泡在蒸馏水中。

四、宰后肉 pH 的评价

1. 仪器　普通或数字显示 pH 计或适用于胴体直接测定的专用 pH 计。

2. 测定部位 直接在胴体倒数第 3 与第 4 胸椎处背最长肌上刺孔测定，或采取指定部位的肉样一块，试样的宽度和厚度均应大于 3.0cm。

3. 测定时间 猪被宰杀后 45～60min 内，测定值记录为 pH_1；宰杀后 24h，测定值记录为 pH_{24}，或称最终 pH。最终 pH 适用于测定 DFD（dark，firm and dry）肉，测定部位以头半棘肌为宜。与反刍动物比较，猪较少发生 DFD 肉。

4. 测定方法 按照 pH 计使用说明进行操作。电极直接插入胴体指定部位背最长肌的中部刺孔中。若插入剥离的肉样中，深度应不小于 1cm，将电极头部完全包埋在肉样中。读取 pH_1（精确度到 0.01）。将肉样置于 0～4℃冰箱中保存 24h，可测得 pH_{24}。

5. 判定 pH_1 正常值变动在 6.0～6.6，若 $pH_1<5.9$，同时伴有灰白肉色和大量渗出汁液，可判为 PSE 肉。对于个别应激敏感品种猪（如皮特兰、比利时和德国兰德瑞斯猪等），pH_1 正常值的下限可定为 5.9。pH_{24} 的正常值为 5.5。因品种不同，变化范围 5.3～5.7。当 $pH_{24}>6.0$ 时，又伴有暗紫肉色和肌肉表面干燥，可判定为 DFD 肉。

实验二十七　原料肉挥发性盐基氮的测定

一、实验原理

利用弱碱性试剂氧化镁使试样中碱性含氮物质游离而被蒸馏出来，用硼酸吸收，再用标准酸滴定，计算出含氮量。

二、仪器与器皿

实验室用样品粉碎机或研钵。

分析天平　感量 0.001g。

凯氏蒸馏装置　半微量水蒸气蒸馏式。

振荡机

锥形瓶　150、250mL 具塞。

容量瓶　100、1 000mL。

滴定管　酸式 10mL。

三、试剂

（1）0.1mol/L 盐酸标准溶液　吸取分析纯盐酸 8.3mL，用蒸馏水定容至 1 000mL。

（2）0.01mol/L 盐酸标准溶液　用 0.1mol/L 盐酸标准溶液稀释获得。

（3）2％硼酸溶液　分析纯硼酸 2g 溶于 100mL 水配成 2％溶液。

（4）混合指示剂　0.1％甲基红乙醇溶液和 0.5％溴甲酚绿乙醇溶液等体积混合，阴凉处保存期三个月以内。

（5）1％氧化镁溶液　化学纯氧化镁 1.0g 溶于 100mL 蒸馏水制成混悬液。

四、测定

（1）肉样浸出液制备　取肉样 20～30g，切去表层 1cm 的薄片，然后将脂肪、结缔组织、腱除去并用刀刹碎。称取碎肉样 10g 放于 200mL 烧杯中，加入预先煮沸并冷却的蒸馏水 100mL，静止，每隔 5min 用玻璃棒搅拌一次，30min 后用滤纸过滤至三角瓶备用。

（2）取 10mL 2％的硼酸溶液于 150mL 锥形瓶中，加混合指示剂 2 滴，将半微量蒸馏装置的冷凝管末端浸入此溶液。

（3）蒸馏装置蒸汽发生器的水中应加甲基红指示剂数滴、硫酸数滴，且保持此溶液为橙红色，否则补加硫酸。

（4）准确移取 5mL 肉样浸出液注入蒸馏装置的反应室中，用少量蒸馏水冲洗进样入口，塞好入口玻璃塞。再加入 5mL 1％的氧化镁混悬液，小心提起玻璃塞使流入反应室，将玻璃塞塞好，且在入口处加水封好，防止漏气。

（5）当冷凝管下端滴出第一滴液体时，开始计时，准确蒸馏 5min，使冷凝管末端离开吸收液面，用蒸馏水冲洗冷凝管末端，洗液均流入吸收液。

（6）取下三角瓶，吸收液立即用 0.01mol/L 盐酸标准液滴定，溶液由蓝紫色变为灰红色为终点，同时进行试剂空白测定。

五、测定结果计算

1. 计算公式

$$X = \left[(V_1 - V_2) \times C_1 \times 14/(M \times V'/V) \right] \times 100$$

式中：X 代表每百克样品中挥发性盐基氮的含量，mg；

V_1 代表滴定试样时所需盐酸标准溶液体积，mL；

V_2 代表滴定空白时所需盐酸标准溶液体积，mL；

C_1 代表盐酸标准溶液浓度，mol/L；

M 代表试样重量，g；

V' 代表试样分解液蒸馏用体积，mL；

V 代表样液总体积，mL；

14 代表 1mL 1mol/L 盐酸标准溶液相当氮的质量，mg。

2. 重复性　每个试样取两个平行样进行测定，以其算术平均值为结果。允许相对偏差为 5%。

项目二　肉制品的检测

实验二十八　肉制品中水分的测定

方法一：蒸馏法

一、原理

样品中的水分与甲苯或二甲苯共同蒸出，收集馏出液于接收管中，根据馏出液体积计算含量。

二、试剂

甲苯或二甲苯　取甲苯或二甲苯，先以水饱和后，分去水层，进行蒸馏，收集馏出液备用。

三、仪器

水分测定器　水分接收管容量 5mL，最小刻度值 0.1mL，容量误差小于 0.1mL。

四、试样

按肉与肉制品的取样方法进行取样。取有代表性的样品不少于 200g，将样品于绞肉机中绞两次并混匀。绞好的样品应尽快分析，若不立即分析，应密封冷藏贮存，防止变质和成分发生变化。存储的试样在启用时应重新混匀。

五、分析步骤

称取适量样品（精确到 0.001g，含水 2～4mL），放入 250mL 锥形瓶中，放入新蒸馏的甲苯或二甲苯，连接冷凝管与水分接收管，从冷凝管顶端注入甲苯，装满水分接收管。

加热慢慢蒸馏，使每秒得馏出液两滴，待大部分水分蒸出后，加速蒸馏约每秒 4 滴，当水分全部蒸出后，接收管内的水分体积不再增加时，从冷凝管顶端加入甲苯冲洗。如冷凝管壁附有水滴，可用附有小橡皮头的铜丝插擦下，再蒸馏片刻至接收管上部及冷凝管壁无水滴附着，接受管水平面保持 10min 不变为蒸馏终点，读取接收管水层的容积计算。

六、计算

试样中水分的含量按下式计算：

$$X_1 = \frac{V}{m} \times 100$$

式中：X_1 代表每百克试样中水分的含量，mL；

V 代表接收管内水的体积，mL；

m 代表试样的质量，g。

当平行分析结果符合精密度的要求时，则取两次测定的算术平均值作为结果，精确到 10%。

七、精密度

同一实验室由同一操作者在短暂的时间间隔内，用同一设备对同一试样获得的两次独立测定结果的绝对差值不超过 1%。

方法二：直接干燥法

一、原理

样品与砂和乙醇充分混合，混合物在水浴上蒸干，然后在（103±2）℃的温度下烘干至恒重，测其质量的损失。

二、试剂

如无特别说明，所有试剂均为分析纯。

（1）水　符合《分析实验室用水规格和试验方法》（GB/T 6682—2008）规定的三级水要求。

（2）砂　砂粒径应在 12～60 目。

用自来水洗砂后，再用 6mol/L 盐酸煮沸 30min，并不断搅拌，倾去酸液，再用 6mol/L 盐酸重复这一操作，直至煮沸后的酸液不在变黄，用水洗砂，至氯实验为阴性（取洗砂后的水 1mL，加 1 滴浓硝酸、1mL 20g/L 硝酸银溶液，若不混浊，即为阴性）。于 150～160℃将砂烘干，贮存于密封瓶内备用。

（3）95％乙醇

三、仪器和设备

（1）实验室常用设备

（2）绞肉机　孔径不超过 4mm。

（3）扁形铝制或玻璃制称量瓶　内径 60～70mm，高 35mm 以下。

（4）细玻璃棒　末端扁平，略长于称量瓶直径。

四、试样

按肉与肉制品的取样方法进行取样。取有代表性的样品不少于 200g，将样品于绞肉机中绞两次并混匀。绞好的样品应尽快分析，若不立即分析，应密封冷藏贮存，防止变质和成分发生变化。存储的试样在启用时应重新混匀。

五、分析步骤

将盛有砂（砂质量为样品质量的 3～4 倍）和玻璃棒的称量瓶置于（103±2)℃干燥箱中，瓶盖斜支于瓶边，加热 30～60min，取出盖好，置于干燥器中，冷却至室温，精确至 0.000 1g，并重复干燥之前后两次连续称量结果之差小于 1mg。

称取试样 5～8g（精确至 0.000 1g）于上述恒重的称量瓶中。

根据试样的量加入乙醇 5～10mL，用玻璃棒混合后，将称量瓶及内含物置于水浴上，瓶盖斜支于瓶边，为了避免颗粒溅出，调节水浴温度在 60～80℃，不断搅拌，蒸干乙醇。

将称量瓶及内含物移入（103±2)℃干燥箱中烘干 2h，取出，放入干燥器中冷却至室温，精确称量，再放入干燥箱中烘干 1h，并重复上述操作，直至前后两次连续称重之差小于 1mg。

六、结果计算

样品中水分的含量按下式计算：

$$X_2 = \frac{m_2 - m_3}{m_2 - m_1} \times 100$$

式中：X_2 代表每百克样品中的水分含量，mL；

　　　　m_2 代表干燥前试样、称量瓶、玻璃棒和砂的质量，g；

m_3代表干燥后试样、称量瓶、玻璃棒和砂的质量，g；

m_1代表称量瓶、玻璃棒和砂的质量，g。

当平行分析结果符合精密度的要求时，则取两次测定的算术平均值作为结果，精确到10%。

七、精密度

同一实验室由同一操作者在短暂的时间间隔内，用同一设备对同一试样获得的两次独立测定结果的绝对差值不超过1%。

实验二十九　肉制品中亚硝酸盐的测定

方法一：离子色谱法

一、原理

试样经沉淀蛋白质、除去脂肪后，采用相应的方法提取和净化，以氢氧化钾溶液为淋洗液，阴离子交换柱分离，电导检测器或紫外检测器检测。以保留时间定性，外标法定量。

二、试剂和材料

除非另有说明，本方法所用试剂均为分析纯，水为GB/T 6682规定的一级水。

1. 试剂

乙酸（CH_3COOH）

氢氧化钾（KOH）

2. 试剂配制

乙酸溶液（3%）　量取乙酸3mL于100mL容量瓶中，以水稀释至刻度，混匀。

氢氧化钾溶液（1mol/L）　称取6g氢氧化钾，加入新煮沸过的冷水溶解，并稀释至100mL，混匀。

3. 标准品

亚硝酸钠（$NaNO_2$，CAS号：7632-00-0）　基准试剂，或采用具有标准物质证书的亚硝酸盐标准溶液。

硝酸钠（$NaNO_3$，CAS号：7631-99-4）　基准试剂，或采用具有标准物质证书的硝酸盐标准溶液。

4. 标准溶液的制备

亚硝酸盐标准储备液（100mg/L，以 NO_2^- 计，下同）　准确称取 0.150 0g 于 $110 \sim 120℃$ 干燥至恒重的亚硝酸钠，用水溶解并转移至 1 000mL 容量瓶中，加水稀释至刻度，混匀。

硝酸盐标准储备液（1 000mg/L，以 NO_3^- 计，下同）　准确称取 1.371 0g 于 $110 \sim 120℃$ 干燥至恒重的硝酸钠，用水溶解并转移至 1 000mL 容量瓶中，加水稀释至刻度，混匀。

亚硝酸盐和硝酸盐混合标准中间液　准确移取亚硝酸根离子（NO_2^-）和硝酸根离子（NO_3^-）的标准储备液各 1.0mL 于 100mL 容量瓶中，用水稀释至刻度，此溶液每升含亚硝酸根离子 1.0mg 和硝酸根离子 10.0mg。

亚硝酸盐和硝酸盐混合标准使用液　移取亚硝酸盐和硝酸盐混合标准中间液，加水逐级稀释，制成系列混合标准使用液，亚硝酸根离子浓度分别为 0.02、0.04、0.06、0.08、0.10、0.15、0.20mg/L；硝酸根离子浓度分别为 0.2、0.4、0.6、0.8、1.0、1.5、2.0mg/L。

三、仪器和设备

离子色谱仪　配电导检测器及抑制器或紫外检测器，高容量阴离子交换柱，$50\mu L$ 定量环。

食物粉碎机

超声波清洗器

分析天平　感量为 0.1 和 1mg。

离心机　转速≥10 000r/min，配 50mL 离心管。

$0.22\mu m$ 水性滤膜针头滤器

净化柱　包括 C18 柱、Ag 柱和 Na 柱或等效柱。

注射器　1.0 和 2.5mL。

注：所有玻璃器皿使用前均需依次用 2mol/L 氢氧化钾和水分别浸泡 4h，然后用水冲洗 $3 \sim 5$ 次，晾干备用。

四、分析步骤

1. 试样预处理　

肉类、蛋、水产及其制品：用四分法取适量或取全部，用食物粉碎机制成匀浆，备用。

2. 提取

肉类、蛋类、鱼类及其制品等　称取试样匀浆 5g（精确至 0.001g），置于

150mL 具塞锥形瓶中，加入 80mL 水，超声提取 30min，每隔 5min 振摇 1 次，保持固相完全分散。于 75℃水浴中放置 5min，取出放置至室温，定量转移至 100mL 容量瓶中，加水稀释至刻度，混匀。溶液经滤纸过滤后，取部分溶液于 10 000r/min 离心 15min，上清液备用。

腌鱼类、腌肉类及其他腌制品　称取试样匀浆 2g（精确至 0.001g），置于 150mL 具塞锥形瓶中，加入 80mL 水，超声提取 30min，每隔 5min 振摇 1 次，保持固相完全分散。于 75℃水浴中放置 5min，取出放置至室温，定量转移至 100mL 容量瓶中，加水稀释至刻度，混匀。溶液经滤纸过滤后，取部分溶液于 10 000r/min 离心 15min，上清液备用。

3. 仪器参考条件

色谱柱　氢氧化物选择性，可兼容梯度洗脱的二乙烯基苯-乙基苯乙烯共聚物基质，烷醇基季铵盐功能团的高容量阴离子交换柱（4mm×250mm，带保护柱 4mm×50mm），或性能相当的离子色谱柱。

淋洗液　氢氧化钾溶液，浓度为 6、70mmol/L；洗脱梯度为 6mmol/L 30min，70mmol/L 5min，6mmol/L 5min；流速 1.0mL/min。

检测器　电导检测器，检测池温度为 35℃；或紫外检测器，检测波长为 226nm。

进样体积　50μL（可根据试样中被测离子含量进行调整）。

4. 测定

（1）标准曲线的制作　将标准系列工作液分别注入离子色谱仪中，得到各浓度标准工作液色谱图，测定相应的峰高（μS）或峰面积，以标准工作液的浓度为横坐标，以峰高（μS）或峰面积为纵坐标，绘制标准曲线。

（2）试样溶液的测定　将空白和试样溶液注入离子色谱仪中，得到空白和试样溶液的峰高（μS）或峰面积，根据标准曲线得到待测液中亚硝酸根离子或硝酸根离子的浓度。

五、分析结果的表述

试样中亚硝酸离子或硝酸根离子的含量按下式计算：

$$X = \frac{(\rho - \rho_0) \times V \times f}{m \times 1\,000}$$

式中：X 代表试样中亚硝酸根离子或硝酸根离子的含量，mg/kg；

ρ 代表测定用试样溶液中的亚硝酸根离子或硝酸根离子浓度，mg/L；

ρ_0 代表试剂空白液中亚硝酸根离子或硝酸根离子的浓度，mg/L；

V 代表试样溶液体积，mL；

f 代表试样溶液稀释倍数；

1 000 代表换算系数；

m 代表试样取样量，g。

试样中测得的亚硝酸根离子含量乘以换算系数 1.5，即得亚硝酸盐（按亚硝酸钠计）含量；试样中测得的硝酸根离子含量乘以换算系数 1.37，即得硝酸盐（按硝酸钠计）含量。结果保留 2 位有效数字。

六、精密度

在重复性条件下获得的两次独立测定结果的绝对差值不得超过算术平均值的 10%。亚硝酸盐和硝酸盐检出限分别为 0.2 和 0.4mg/kg。

方法二：分光光度法

一、原理

亚硝酸盐采用盐酸萘乙二胺法测定，硝酸盐采用镉柱还原法测定。

试样经沉淀蛋白质、除去脂肪后，在弱酸条件下，亚硝酸盐与对氨基苯磺酸重氮化后，再与盐酸萘乙二胺偶合形成紫红色染料，外标法测得亚硝酸盐含量。采用镉柱将硝酸盐还原成亚硝酸盐，测得亚硝酸盐总量，由测得的亚硝酸盐总量减去试样中亚硝酸盐含量，即得试样中硝酸盐含量。

二、试剂和材料

除非另有说明，本方法所用试剂均为分析纯，水为 GB/T 6682 规定的一级水。

1. 试剂

亚铁氰化钾 $[K_4Fe(CN)_6 \cdot 3H_2O]$

乙酸锌 $[Zn(CH_3COO)_2 \cdot 2H_2O]$

冰乙酸 (CH_3COOH)

硼酸钠 $(Na_2B_4O_7 \cdot 10H_2O)$

盐酸 $(HCl，\rho=1.19g/mL)$

氨水 $(NH_3 \cdot H_2O，25\%)$

对氨基苯磺酸 $(C_6H_7NO_3S)$

盐酸萘乙二胺 $(C_{12}H_{14}N_2 \cdot 2HCl)$

锌皮或锌棒

硫酸镉（$CdSO_4 \cdot 8H_2O$）

硫酸铜（$CuSO_4 \cdot 5H_2O$）

2. 试剂配制

亚铁氰化钾溶液（106g/L）　　称取 106.0g 亚铁氰化钾，用水溶解，并稀释至 1 000mL。

乙酸锌溶液（220g/L）　　称取 220.0g 乙酸锌，先加 30mL 冰乙酸溶解，用水稀释至 1 000mL。

饱和硼砂溶液（50g/L）　　称取 5.0g 硼酸钠，溶于 100mL 热水中，冷却后备用。

氨缓冲溶液（pH 9.6～9.7）　　量取 30mL 盐酸，加 100mL 水，混匀后加 65mL 氨水，再加水稀释至 1 000mL，混匀。调节 pH 至 9.6～9.7。

氨缓冲液的稀释液　　量取 50mL pH 9.6～9.7 氨缓冲溶液，加水稀释至 500mL，混匀。

盐酸（0.1mol/L）　　量取 8.3mL 盐酸，用水稀释至 1 000mL。

盐酸（2mol/L）　　量取 167mL 盐酸，用水稀释至 1 000mL。

盐酸（20%）　　量取 20mL 盐酸，用水稀释至 100mL。

对氨基苯磺酸溶液（4g/L）　　称取 0.4g 对氨基苯磺酸，溶于 100mL 20% 盐酸中，混匀，置棕色瓶中，避光保存。

盐酸萘乙二胺溶液（2g/L）　　称取 0.2g 盐酸萘乙二胺，溶于 100mL 水中，混匀，置棕色瓶中，避光保存。

硫酸铜溶液（20g/L）　　称取 20g 硫酸铜，加水溶解，并稀释至 1 000mL。

硫酸镉溶液（40g/L）　　称取 40g 硫酸镉，加水溶解，并稀释至 1 000mL。

乙酸溶液（3%）　　量取冰乙酸 3mL 于 100mL 容量瓶中，以水稀释至刻度，混匀。

3. 标准品

亚硝酸钠（$NaNO_2$，CAS 号：7632-00-0）　　基准试剂，或采用具有标准物质证书的亚硝酸盐标准溶液。

硝酸钠（$NaNO_3$，CAS 号：7631-99-4）　　基准试剂，或采用具有标准物质证书的硝酸盐标准溶液。

4. 标准溶液配制

亚硝酸钠标准溶液（200μg/mL，以亚硝酸钠计）　　准确称取 0.100 0g 于 110～120℃ 干燥恒重的亚硝酸钠，加水溶解，移入 500mL 容量瓶中，加水稀释至刻度，混匀。

硝酸钠标准溶液（200μg/mL，以亚硝酸钠计）　准确称取 0.123 2g 于 110～120℃干燥恒重的硝酸钠，加水溶解，移入 500mL 容量瓶中，并稀释至刻度。

亚硝酸钠标准使用液（5.0μg/mL）　临用前，吸取 2.50mL 亚硝酸钠标准溶液，置于 100mL 容量瓶中，加水稀释至刻度。

硝酸钠标准使用液（5.0μg/mL，以亚硝酸钠计）　临用前，吸取 2.50mL 硝酸钠标准溶液，置于 100mL 容量瓶中，加水稀释至刻度。

三、仪器设备与使用方法

天平　感量为 0.1 和 1mg。

组织捣碎机

超声波清洗器

恒温干燥箱

分光光度计

镉柱或镀铜镉柱

海绵状镉的制备　镉粒直径 0.3～0.8mm。将适量的锌棒放入烧杯中，用 40g/L 硫酸镉溶液浸没锌棒。在 24h 之内，不断将锌棒上的海绵状镉轻轻刮下。取出残余锌棒，使镉沉底，倾去上层溶液。用水冲洗海绵状镉 2～3 次后，将镉转移至搅拌器中，加 400mL 盐酸（0.1mol/L），搅拌数秒，以得到所需粒径的镉颗粒。将制得的海绵状镉倒回烧杯中，静置 3～4h，其间搅拌数次，以除去气泡。倾去海绵状镉中的溶液，并可按下述方法进行镉粒镀铜。

镉粒镀铜　将制得的镉粒置锥形瓶中（所用镉粒的量以达到要求的镉柱高度为准），加足量的盐酸（2mol/L）浸没镉粒，振荡 5min，静置分层，倾去上层溶液，用水多次冲洗镉粒。在镉粒中加入 20g/L 硫酸铜溶液（每克镉粒约需 2.5mL），振荡 1min，静置分层，倾去上层溶液后，立即用水冲洗镀铜镉粒（注意镉粒要始终用水浸没），直至冲洗的水中不再有铜沉淀。

镉柱的装填　如图 2-29-1 所示，用水装满镉柱玻璃柱，并装入约 2cm 高的玻璃棉做垫，将玻璃棉压向柱底时，应将其中所包含的空气全部排出，再轻轻敲击下，加入海绵状镉至 8～10cm 或 15～20cm，上面用 1cm 高的玻璃棉覆盖。如无上述镉柱玻璃管时，可以 25mL 酸式滴定管代用，但过柱时要注意始终保持液面在镉层之上。当镉柱填装好后，先用 25mL 盐酸（0.1mol/L）洗涤，再以水洗 2 次，每次 25mL，镉柱不用时用水封盖，随时都要保持水平面在镉层之上，不得使镉层夹有气泡。镉柱每次使用完毕后，应先以25mL 盐酸（0.1mol/L）洗涤，再以水洗 2 次，每次 25mL，最后用水覆盖镉柱。

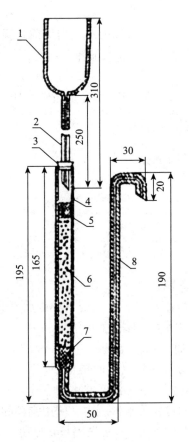

图 2-29-1　镉柱

1.贮液漏斗，内径 35mm，外径 37mm　2.进液毛细管，内径 0.4mm，外径 6mm

3.橡皮塞　4.镉柱玻璃管，内径 12mm，外径 16mm　5、7.玻璃棉　6.海绵状镉

8.出液毛细管，内径 2mm，外径 8mm

镉柱还原效率的测定　吸取 20mL 硝酸钠标准使用液，加入 5mL 氨缓冲液的稀释液，混匀后注入贮液漏斗，使流经镉柱还原，用一个 100mL 的容量瓶收集洗提液。洗提液的流速不应超过 6mL/min，在贮液杯将要排空时，用约 15mL 水冲洗杯壁。冲洗水流尽后，再用 15mL 水重复冲洗，第 2 次冲洗水也流尽后，将贮液杯灌满水，并使其以最大流量流过柱子。当容量瓶中的洗提

液接近 100mL 时，从柱子下取出容量瓶，用水定容至刻度，混匀。取 10.0mL 还原后的溶液（相当 $10\mu g$ 亚硝酸钠）于 50mL 比色管中，以下按分析步骤 3 自"吸取 0.00、0.20、0.40、0.60、0.80、1.00mL……"起操作，根据标准曲线计算测得结果，与加入量一致，还原效率应大于 95% 为符合要求。还原效率计算按下式计算：

$$X = \frac{m_1}{10} \times 100\%$$

式中：X 代表还原效率，%；

        m_1 代表测得亚硝酸钠的含量，μg；

        10 代表测定用溶液相当亚硝酸钠的含量，μg。

如果还原率小于 95% 时，将镉柱中的镉粒倒入锥形瓶中，加入足量的盐酸（2moL/L），振荡数分钟，再用水反复冲洗。

四、分析步骤

1. 试样的预处理 同离子色谱法。

2. 提取 称取 5g（精确至 0.001g）匀浆试样（如制备过程中加水，应按加水量折算），置于 250mL 具塞锥形瓶中，加 12.5mL 50g/L 饱和硼砂溶液，加入 70℃ 左右的水约 150mL，混匀，于沸水浴中加热 15min，取出置冷水浴中冷却，并放置至室温。定量转移上述提取液至 200mL 容量瓶中，加入 5mL 106g/L 亚铁氰化钾溶液，摇匀，再加入 5mL 220g/L 乙酸锌溶液，以沉淀蛋白质。加水至刻度，摇匀，放置 30min，除去上层脂肪，上清液用滤纸过滤，弃去初滤液 30mL，滤液备用。

3. 亚硝酸盐的测定 吸取 40.0mL 上述滤液于 50mL 带塞比色管中，另吸取 0.00、0.20、0.40、0.60、0.80、1.00、1.50、2.00、2.50mL 亚硝酸钠标准使用液（相当于 0.0、1.0、2.0、3.0、4.0、5.0、7.5、10.0、12.5μg 亚硝酸钠），分别置于 50mL 带塞比色管中。于标准管与试样管中分别加入 2mL 4g/L 对氨基苯磺酸溶液，混匀，静置 3~5min 后各加入 1mL 2g/L 盐酸萘乙二胺溶液，加水至刻度，混匀，静置 15min，用 1cm 比色杯，以零管调节零点，于波长 538nm 处测吸光度，绘制标准曲线比较。同时做试剂空白。

4. 亚硝酸钠总量的测定 吸取 10~20mL 还原后的样液于 50mL 比色管中。以下按分析步骤 3 方法自"吸取 0.00、0.20、0.40、0.60、0.80、1.00mL……"起操作。

五、分析结果的表述

亚硝酸盐（以亚硝酸钠计）的含量按下式计算：

$$X_1 = \frac{m_2 \times 1\,000}{m_3 \times \dfrac{V_1}{V_0} \times 1\,000}$$

式中：X_1 代表试样中亚硝酸钠的含量，mg/kg；

$\quad\quad m_2$ 代表测定用样液中亚硝酸钠的质量，μg；

$\quad\quad 1\,000$ 代表转换系数；

$\quad\quad m_3$ 代表试样质量，g；

$\quad\quad V_1$ 代表测定用样液体积，mL；

$\quad\quad V_0$ 代表试样处理液总体积，mL。

结果保留 2 位有效数字。

六、精密度

在重复性条件下获得的两次独立测定结果的绝对差值不得超过算术平均值的 10%。

实验三十　肉制品中氯化物的测定

一、原理

用热水抽提样品中的氯化物，沉淀蛋白质，过滤后将滤液酸化，加入过量的硝酸银，以硫酸铁铵为指示剂，用硫氰酸钾标准溶液滴定过量的硝酸银。

二、试剂

如无特别说明，所用试剂均为分析纯。

（1）水　蒸馏水，不含卤素，并应符合 GB/T 6682—1992 的规定。不含卤素测试：量取 100mL 水，加入 1mL 水，加入 1mL 硝酸银（0.1mol/L）和 5mL 硝酸（4mol/L），不应出现轻微混浊或浑浊。

（2）硝基苯或 1-壬醇

（3）硝酸（4mol/L）　量取 1 体积浓硝酸和 3 体积水，混匀。

（4）蛋白质沉淀剂

试剂 A　将 106g 亚铁氰化钾 $[K_4Fe(CN)_6 \cdot 3H_2O]$ 用水溶解，转入

1 000mL 容量瓶中，用水定容。

试剂 B 将 220g 乙酸锌 [Zn (CH₃COO)₂·2H₂O] 用水溶解，加入冰乙酸 30mL，转入 1 000mL 容量瓶中，用水定容。

（5）硝酸银标准溶液（0.1mol/L） 先将硝酸银在（150±2）℃的温度下干燥 2h，然后置于干燥器内使其冷却，取 16.989g，水溶解，转入 1 000mL 容量瓶中，用水定容。此标准溶液用棕色玻璃容器盛装，避光存放。

（6）硫氰酸钾标准溶液（0.1mol/L） 称取约 9.7g 硫氰酸钾，用水溶解，转入 1 000mL 容量瓶中，用水定容。用硫酸铁（Ⅲ）铵指示剂、硝酸银标准溶液（0.1mol/L）标定。准确至 0.000 1mol/L。

（7）硫酸铁（Ⅲ）铵 [NH₄Fe (SO₄)₂·12H₂O] 饱和溶液 称取 50g 硫酸亚铁铵，在室温下用水溶解并稀释至 100mL，如有沉淀应过滤。

（8）冰乙酸

三、仪器和设备

均质器 用于试样的均质化，包括高速旋转的切割机，或多孔板的孔径不超过 4.5mm 的绞肉机。

容量瓶 1 000 和 200mL。

锥形瓶 250mL。

滴定管 25 或 50mL。

单刻度移液管 20mL。

水浴锅

分析天平 可准确称重至 ±0.001g。

四、取样与样品制备

实验室所收到的样品应具有代表性且在运输和储藏过程中无受损或发生变化。按肉与肉制品的取样方法进行取样。取有代表性的样品 200g。使用均质器将试样均质。注意避免试样的温度超过 25℃。若使用绞肉机，试样至少通过该设备两次。将试样装入密封的容器里，防止变质和成分变化。试样应在均质化后 24h 内尽快分析。

五、分析步骤

1. 试样称取 称取 10g 试样，精确至 0.001g，移入锥形瓶中。

2. 沉淀蛋白质　往试样中加入 100mL 水，置于沸水浴中，加热 15min，不时摇动锥形瓶。取出锥形瓶，将内容物全部移入 200mL 容量瓶中，并冷至室温，然后依次加入试剂 A 和试剂 B 各 2mL，每次加液后都充分摇匀。室温下静止 30min，用水稀释至刻度，充分摇匀，用定量滤纸过滤。

注：如果此方法用于测定硝酸盐和亚硝酸盐，或样品中抗坏血酸的含量超过 0.1%，则需在试样中加入 0.5g 活性炭，加入试剂 A 和试剂 B 并混匀后，用氢氧化钠溶液调节 pH 至 7.5～8.3。

3. 测定　用移液管吸取滤液 20mL 于锥形瓶中，加入稀硝酸溶液（4mol/L）5mL 和硫酸铁铵指示剂 1mL。用移液管吸取 20mL 硝酸银标准溶液（0.1mol/L）于锥形瓶中，加入 3mL 硝基苯或 1-壬醇，充分混匀，用力摇动以凝结沉淀。用硫氰酸钾标准溶液（0.1mol/L）滴定，直至出现稳定的粉红色。记录所用硫氰酸钾标准溶液的体积，精确至 0.05mL。

4. 空白实验　按分析步骤中沉淀蛋白质和测定所规定的操作，加入等体积的硝酸银标准溶液（0.1mol/L），进行空白实验。

六、计算结果

试样中氯化物的含量按下式计算，以氯化钠的质量分数计：

$$w = 0.058\,44 \times (V_2 - V_1) \times \frac{200}{20} \times \frac{100}{m} \times c = 58.44 \times \frac{(V_2 - V_1)}{m} \times c$$

式中：w 代表样品中氯化物含量（以氯化钠计），%；

V_2 代表空白实验消耗硫氰酸钾标准溶液的体积，mL；

V_1 代表滴定消耗硫氰酸钾标准溶液的体积，mL；

c 代表硫氰酸钾标准溶液的浓度，mol/L；

m 代表试样质量，g；

200 代表试样溶液的定容体积，mL；

20 代表滴定时吸取滤液的体积，mL。

结果报告精确至 0.05%。

七、重复性

同一分析者在同一实验室采用相同的方法和相同的仪器，在短时间间隔内对同一样品独立测定两次，当氯化钠含量在 1.0%～2.0% 时，两次测试结果的绝对差值不得超过算术平均值的 0.15%（质量比）；当氯化钠含量在 2.0% 以上时，两次测试结果的绝对差值不得超过算术平均值的 0.20%（质量比）。

实验三十一 肉制品中细菌总数测定

一、术语和定义

菌落总数指食品检样经过处理，在一定条件下（如培养基、培养温度和培养时间等）培养后，所得每克（毫升）检样中形成的微生物菌落总数。

二、设备和材料

除微生物实验室常规灭菌及培养设备外，其他设备和材料如下：

恒温培养箱 （36±1）℃，（30±1）℃。

冰箱 2~5℃。

恒温水浴箱 （46±1）℃。

天平 感量为0.1g。

均质器

振荡器

无菌吸管 1mL（具0.01mL刻度）、10mL（具0.1mL刻度）或微量移液器及吸头。

无菌锥形瓶 容量250、500mL。

无菌培养皿 直径90mm。

pH计、pH比色管或精密pH试纸

放大镜或菌落计数器

三、培养基和试剂

1. 平板计数琼脂培养基 胰蛋白胨5.0g，酵母浸膏2.5g，葡萄糖1.0g，琼脂15.0g，蒸馏水1 000mL，pH 7.0±0.2。

将上述成分加入蒸馏水中，煮沸溶解，调节pH。分装试管或锥形瓶，121℃高压灭菌15min。

2. 磷酸盐缓冲液

贮存液 称取34.0g的磷酸二氢钾溶于500mL蒸馏水中，用大约175mL的1mol/L氢氧化钠溶液调节pH至7.2，用蒸馏水稀释至1 000mL后贮存于冰箱。

稀释液 取贮存液1.25mL，用蒸馏水稀释至1 000mL，分装于适宜容器中，121℃高压灭菌15min。

3. 无菌生理盐水 称取 8.5g 氯化钠溶于 1 000mL 蒸馏水中，121℃高压灭菌 15min。

四、操作步骤

1. 样品的稀释

（1）固体和半固体样品 称取 25g 样品置盛有 225mL 磷酸盐缓冲液或生理盐水的无菌均质杯内，8 000～10 000r/min 均质 1～2min，或放入盛有 225mL 稀释液的无菌均质袋中，用拍击式均质器拍打 1～2min，制成 1∶10 的样品匀液。

（2）液体样品 以无菌吸管吸取 25mL 样品置盛有 225mL 磷酸盐缓冲液或生理盐水的无菌锥形瓶（瓶内预置适当数量的无菌玻璃珠）中，充分混匀，制成 1∶10 的样品匀液。

（3）用 1mL 无菌吸管或微量移液器吸取 1∶10 样品匀液 1mL，沿管壁缓慢注于盛有 9mL 稀释液的无菌试管中（注意吸管或吸头尖端不要触及稀释液面），振摇试管或换用 1 支无菌吸管反复吹打使其混合均匀，制成 1∶100 的样品匀液。

（4）按（3）操作程序，制备 10 倍系列稀释样品匀液。每递增稀释一次，换用 1 次 1mL 无菌吸管或吸头。

（5）根据对样品污染状况的估计，选择 2～3 个适宜稀释度的样品匀液（液体样品可包括原液），在进行 10 倍递增稀释时，吸取 1mL 样品匀液于无菌平皿内，每个稀释度做两个平皿。同时，分别吸取 1mL 空白稀释液加入两个无菌平皿内作空白对照。

（6）及时将 15～20mL 冷却至 46℃的平板计数琼脂培养基〔可放置于（46±1）℃恒温水浴箱中保温〕倾注平皿，并转动平皿使其混合均匀。

2. 培养

（1）待琼脂凝固后，将平板翻转，（36±1）℃培养（48±2）h。水产品（30±1）℃培养（72±3）h。

（2）如果样品中可能含有在琼脂培养基表面弥漫生长的菌落时，可在凝固后的琼脂表面覆盖一薄层琼脂培养基（约 4mL），凝固后翻转平板，按上面培养条件进行培养。

3. 菌落计数

可用肉眼观察，必要时用放大镜或菌落计数器，记录稀释倍数和相应的菌落数量。菌落计数以菌落形成单位（colony-forming units，CFU）表示。

（1）选取菌落数在 30～300CFU、无蔓延菌落生长的平板计数菌落总数。低于 30CFU 的平板记录具体菌落数，大于 300CFU 的可记录为多不可计。每个稀释度的菌落数应采用两个平板的平均数。

（2）其中一个平板有较大片状菌落生长时，则不宜采用，而应以无片状菌落生长的平板作为该稀释度的菌落数；若片状菌落不到平板的一半，而其余一半中菌落分布又很均匀，即可计算半个平板后乘以 2，代表一个平板菌落数。

（3）当平板上出现菌落间无明显界线的链状生长时，则将每条单链作为一个菌落计数。

五、结果与报告

1. 菌落总数的计算方法

（1）若只有一个稀释度平板上的菌落数在适宜计数范围内，计算两个平板菌落数的平均值，再将平均值乘以相应稀释倍数，作为每克（毫升）样品中菌落总数结果。

（2）若有两个连续稀释度的平板菌落数在适宜计数范围内时，按公式计算：

$$N = \sum C / (n_1 + 0.1 n_2)\ d$$

式中：N 代表样品中菌落数；

$\sum C$ 代表平板（含适宜范围菌落数的平板）菌落数之和；

n_1 代表第一稀释度（低稀释倍数）平板个数；

n_2 代表第二稀释度（高稀释倍数）平板个数；

d 代表稀释因子（第一稀释度）。

（3）若所有稀释度的平板上菌落数均大于 300CFU，则对稀释度最高的平板进行计数，其他平板可记录为多不可计，结果按平均菌落数乘以最高稀释倍数计算。

（4）若所有稀释度的平板菌落数均小于 30CFU，则应按稀释度最低的平均菌落数乘以稀释倍数计算。

（5）若所有稀释度（包括液体样品原液）平板均无菌落生长，则以小于 1 乘以最低稀释倍数计算。

（6）若所有稀释度的平板菌落数均不在 30～300CFU，其中一部分小于 30CFU 或大于 300CFU 时，则以最接近 30CFU 或 300CFU 的平均菌落数乘以稀释倍数计算。

2. 菌落总数的报告

（1）菌落数小于 100CFU 时，按"四舍五入"原则修约，以整数报告。

（2）菌落数大于或等于 100CFU 时，第 3 位数字采用"四舍五入"原则修约后，取前 2 位数字，后面用 0 代替位数；也可用 10 的指数形式来表示，按"四舍五入"原则修约后，采用两位有效数字。

（3）若所有平板上为蔓延菌落而无法计数，则报告菌落蔓延。

（4）若空白对照上有菌落生长，则此次检测结果无效。

（5）称重取样以 CFU/g 为单位报告，体积取样以 CFU/mL 为单位报告。

实验三十二　ELISA 方法快速检测肉制品中的沙门氏菌

一、实验目的

掌握 ELISA 方法快速检测肉及肉制品中的沙门氏菌的具体方法及操作步骤。

二、实验原理

酶联免疫吸附实验（ELISA）是一种常用的固相酶免疫测定方法，是在放射免疫分析理论的基础上发展起来的一种非放射性标记免疫技术，具有灵敏度高、特异性强、重复性好，所用试剂稳定、易保存，实验操作简便，结果判断客观等特点。根据检测目的和操作步骤不同常用的 ELISA 测定方法有：①双抗体（原）夹心法；②间接法；③竞争法。其中竞争法由于具有反应重复性与完成性好的特点，它是目前使用较广泛的测定方法。

三、实验材料

包被缓冲液　碳酸盐缓冲液（pH 9.6，0.1mol/L）：$Na_2CO_3 \cdot 10H_2O$ 11.45g，$NaHCO_3$ 5.04g，NaN_3 0.2g 蒸馏水加至 1 000mL。

稀释液（磷酸盐缓冲液）（pH 7.4，0.15mol/L）　0.2mol/L Na_2HPO_4 40.5mL，0.2mol/L NaH_2PO_4 59.5mL，NaCl 8.2g。

Tween-20　0.5mL 蒸馏水加至 1 000mL。

洗涤液 NaCl-Tween　NaCl 8.5g，Tween-20 0.5mL 蒸馏水加至 1 000mL。

底物溶液　磷酸盐-柠檬酸缓冲液（pH5.0）：0.1mol/L 柠檬酸 24.3mL，0.2mol/L 磷酸氢二钠 25.7mL，蒸馏水加至 50mL，邻苯二胺 40mg，溶解后避光保存，临用前加入 30% H_2O_2 0.15mL。

封闭液　0.2%（牛血清白蛋白）溶液。

沙门氏菌血清

辣根过氧化物酶标记的羊抗兔抗体

终止剂　2mol/L 硫酸。

ELISA 板

酶标检测仪

移液枪

人工污染沙门氏菌的香肠制品　1 份。

四、实验步骤

(1) 样品前增菌 18～24h。

(2) 样品包被，取样品 100μL/孔包被酶联板 4℃过夜，洗板 3 次。

(3) 封闭，BSA 200μL/孔，37℃孵育 1h，洗板 3 次。

(4) 加入一抗 100μL/孔，洗板 3 次。

(5) 加入酶标二抗 100μL/孔，37℃孵育 1h，洗板 3 次。

(6) 加入底物，37℃孵育 30min。

(7) 加入终止剂。

(8) 读取结果。

五、实验结果

通过酶标检测仪读数判定检测结果。

项目三　肉制品加工技术

实验三十三　腌腊肉制品加工

腌腊肉制品是肉经腌制、酱制、晾晒（或烘烤）等工艺加工而成的生肉类制品，食用前需熟化加工。腌腊肉制品肉质细致紧密，色泽红白分明，滋味鲜咸可口。风味独特，便于携带和贮藏。

一、腊肉加工

腊肉色泽鲜明，肌肉呈玫瑰红色，脂肪透明，呈乳白色，肉身干爽、结实，具有腊肉固有的风味。

（一）配料

肉 100kg，白砂糖 4kg，精盐 3kg，曲酒 2.5kg，酱油 3kg，亚硝酸盐 0.01kg，五香粉 0.1kg。

（二）工艺流程

选料→修理→切坯→清洗→腌制→熏烤→包装→产品

（三）制作方法

1. 原料选择与处理　精选肥瘦层次分明的去骨五花肉或其他部位的肉，一般肥瘦比例为 4∶6 或 5∶5，剔除硬骨或软骨，切成长 40cm 左右，宽 3cm 左右，厚 1.5cm 左右，重 0.2～0.25kg 的长方形肉条。

2. 腌制　采用干腌法或湿腌法，用配方重量的 10% 清水配料，倒入容器中，然后放入肉条，搅拌均匀，隔 30min 搅拌一次，20℃腌 4～8h，温度越低时间越长，充分腌制后，滤干。

3. 烘烤或熏制　腊肉肥肉较多不宜高温熏烤。烤制一般将温度控制在 45～55℃，时间为 1～3d 根据肉色而定，要求皮干爽，瘦肉呈玫瑰红色，肥肉透明或乳白色为宜。熏烤常用锯木粉、木炭、糠壳、瓜子壳等为燃料，不完全燃烧进行熏制。

4. 保藏　成品可采用真空包装，在 20℃下保存 3～6 个月。

二、腊肠加工

优质腊肠色泽肥肉呈乳白或半透明，瘦肉枣红或玫瑰红，红白分明，有光泽；肠体干爽，呈圆柱形，表面有自然皱纹，组织紧密。鲜美适口，腊香浓郁，食而不腻。

（一）配料

瘦肉 70kg，肥肉 30kg，白糖 7.6kg，食盐 2.2kg，白酒 3kg，酱油 4.5kg，硝酸钠 0.04kg。

（二）工艺流程

选料→修整→制馅→腌制→灌肠→晾晒→烘烤→产品

（三）制作方法

1. 原料选择与处理 选择瘦肉以腿肉、臀肉最好；肥肉以背部硬膘最好，其次为腿膘。其他加工产品切割下来的碎肉也可。选好原料肉经修整去掉筋、腱、骨和皮。

2. 切分 瘦肉用绞肉机切成 4～8mm 的肉粒，肥肉切成 6～10mm 的肉丁，用温水清洗一次，除去浮油杂质，沥干待用，且肥瘦肉应分开存放。

3. 制馅 配料称好后倒入盆内，加入 15%～25% 的水，使其混匀溶解。然后将绞好的肉粒与其充分混合腌制 1～2h 即可。

4. 灌装 取制备好的肠衣，肠衣末端打结后将肉馅均匀灌入肠衣中，控制松紧程度，防止填充过松或过紧。灌装完后用针扎刺排除内部空气和多余水。每隔 15cm 用细线结扎一次。

5. 漂洗 用温水将湿肠表面清洗一次，除去油腻。

6. 晾晒和烘烤 将腊肠挂在竹竿上，白天在日光下暴晒 2～3d，日晒过程中要针刺放气。晚间送烘房内烘烤，温度 42～48℃，温度过高脂肪溶解，过低难以干燥，一般 3d 即可，然后挂在通风良好的场所风干 10～15d 为成品。

实验三十四 熏烤肉制品加工

熏烤肉制品是指原料肉经腌制（有的还需要煮制）后，再以烟气、高温空气、明火或高温固体为介质干热加工而成的肉制品。外形完整，表皮呈光亮的棕红色，肌肉切面有光泽，微红色，脂肪呈浅黄色。无异味，具有特有的烟熏风味。

一、熏鸡加工

（一）配方

以一只体重为 1kg 的鸡计，食盐 30g，丁香、山奈、白芷、陈皮、桂皮、花椒、大茴香各 4g，砂仁、肉蔻各 1.5g，鲜姜 7g，胡椒粉、香辣粉、味精少许。

（二）工艺流程

选料→造型→定型→油炸→煮制→熏制→涂油→产品

（三）制作方法

1. 原料整理　选用骨剪将胸部的软骨剪断，然后将右翅从宰杀刀口处插入口腔，从嘴里穿出，同时将左翅转回，最后将两腿打断并交叉插入腹中。

2. 紧缩定型　将处理好的鸡体投入沸水中，浸烫 2～4min，使鸡皮缩紧，固定鸡形，捞出晾干。

3. 油炸　先用毛刷将 1：8 的蜂蜜水均匀刷在鸡体上，晾干，然后在 150～200℃ 油中进行油炸，将鸡炸至柿黄色立即捞出，控油，晾凉。

4. 煮制　先将调料全部放入锅内，然后将鸡并排放在锅内，加水 75～100kg，点火将水煮沸，以后将水温控制在 90～95℃，按鸡体大小和鸡的日龄煮制 2～4h，煮好后捞出，先在 40～50℃ 条件下干燥 2h，目的是烟熏着色均匀。

5. 烟熏　先在平锅上放钢丝帘子，在将鸡胸部向下排放在钢丝帘子上，待铁锅底微红时将糖按不同点撒入锅内迅速盖住锅盖，2～3min（依铁锅发红的情况决定时间长短，否则将出现鸡体烧煳或烟熏过轻）后，出锅，晾凉。

6. 涂油　将熏好的鸡用毛刷均匀地涂刷上香油（一般涂刷 3 次）即为成品。

二、烤全羊

烤全羊是我国西北地区具有民族特色的一种食品。烤全羊体表金黄油亮，外层肉焦黄发脆，内部肉绵软鲜嫩，羊肉味浓香四溢，颇为适口。

（一）制作方法

1. 选料　选用 1～2 岁的乌珠穆沁羊。

2. 原料处理　用 80～90℃ 的开水烧烫全身，趁热煺净毛，取出内脏，刮洗干净，然后在羊的腹腔内和后腿内侧肉厚的地方用刀割若干小口。

3. 腌制　羊腹内放入姜片、葱段、花椒、大料、小茴香末，并用精盐搓擦入味。羊腿内侧的刀口处，用调料和盐入味，也可注入腌液进行腌制入味。

4. 上色　将羊尾用铁签别入腹内，胸部朝上，四肢用铁钩挂住皮面，刷上酱油、糖色晾凉，再刷上香油。

5. 烤制　将全羊腹朝上挂入提前烧热的烤炉内，将炉口用铁锅盖严，并用黄泥封好，在炉的下面备一铁盒，用来盛装烘烤时流出的羊油，3～4h后，待羊皮烤至黄红酥脆，肉质嫩熟时取出。

6. 切分　食用时根据民族习俗和地方饮食习惯，由专人将羊肉分割、切块、装盘，配以蘸料及辅食一起食用。

（二）注意事项

（1）烤全羊可选用果木或落叶松木屑烤制，也可选用机制木炭进行烤制。

（2）腌制和调味要依据饮食习惯，传统的烤全羊可不腌制或适当对腿部肉厚的地方进行腌制入味。

实验三十五　肉干制品加工技术

干肉制品是指将肉先经熟加工，再成型干燥或先成型再经热加工制成干熟类肉制品。这类肉制品可直接食用，成品呈小的片状、条状、粒状、团粒状、絮状。干肉制品主要包括肉干、肉脯和肉松三大类。

一、肉干加工

（一）配方

1. 咖喱肉干　100kg 鲜牛肉，精盐 3kg，酱油 3kg，白糖 12kg，白酒 2kg，咖喱粉 0.5kg。

2. 麻辣肉干　100kg 鲜猪肉，精盐 3.5kg，酱油 4kg，老姜 0.5kg，混合香料 0.2kg，白糖 2.0kg，酒 0.5kg，胡椒粉 0.2kg，味精 0.1kg，海椒粉 1.5kg，花椒粉 0.8kg，菜油 5.0kg。

3. 五香肉干　100kg 鲜肉，食盐 2.85kg，白糖 4.5kg，酱油 4.75kg，黄酒 0.75kg，花椒 0.15kg，大茴香 0.2kg，小茴香 0.15kg，丁香 0.05kg，桂皮 0.3kg，陈皮 0.75kg，甘草 0.1kg，姜 0.5kg。

4. 果汁牛肉干　100kg 鲜肉，食盐 2.5kg，酱油 0.37kg，白糖 10.00kg，姜 0.25kg，大茴香 0.19kg，果汁露 0.2kg，味精 0.3kg，鸡蛋 10 枚，辣酱 0.38kg，葡萄糖 1.00kg。

5. 香辣牛肉干 牛肉 50kg，食盐 1.2kg，酱油 2.5kg，白糖 10kg，味精 1.6kg，黄酒 1.5kg，五香粉 0.2kg，辣椒粉 0.2kg，生姜 0.5kg，茴香 0.1kg，调味料 0.6kg。

（二）工艺流程

原料→初煮→切坯→煮制汤料→复煮→收汁→脱水→冷却→包装

1. 原料的预处理 要求原料选择检验合格的新鲜肉，一般选前后腿瘦肉为佳。将原料肉剔去皮、骨、筋、腱、膜及脂肪后顺着肌纤维切成 0.5kg 左右的肉块，用清水浸泡 1h 左右除去血水、污物，沥干后备用。

2. 初煮 初煮的目的是通过煮制进一步挤出血水，并使肉块变硬以便切坯，水面盖过肉面，一般不加任何辅料，也可加葱、姜，高于 90℃ 以上，初煮 0.5～1h，及时撇去汤面污物，捞出后汤待用。

3. 切坯 肉块冷却后，根据产品标准要求切成均匀的块状、条状或片状等。

4. 复煮收汁 复煮是将切好的肉坯放在调制好的汤中煮制，目的是进一步熟化和入味，用大火煮制 30min 左右，改为小火煮制，以防焦锅，用小火煨 1～2h，待卤汁基本收干，即可起锅。复煮汤料配制，可用初煮汤汁的 20%～40% 过滤使用，将配方中不溶解的辅料制成料包加入，可溶的直接加入，烧开后方可进行复煮。

5. 脱水

（1）烘烤法 将收汁后的肉坯铺在竹筛或不锈钢网筛上，放置于红外烤箱烘烤，前期温度可控制在 80～90℃，后期可控制在 50℃ 左右，一般需要 5～6h 则可使含水量下降到 20% 以下，烘烤过程中要注意定时翻动。

（2）炒干法 收汁后肉坯在原锅中文火加温，并不停搅翻，炒至肉块表面微微出现蓬松茸毛时，即可出锅，冷却后为成品。

（3）油炸法 先将肉切条后，用 2/3 的辅料（其中白酒、白糖、味精后放）与肉条拌匀，腌渍 10～20min 后，投入 135～150℃ 的植物油锅中油炸，油炸时要控制好肉坯量与油温之间的关系。

6. 冷却、包装 冷却应在清洁室内摊晾，自然冷却较为常见。包装以复合膜为好，尽量选用阻气阻湿性能好的材料。

二、肉松加工

（一）配方

1. 猪肉松 瘦肉 100kg，黄酒 4.00kg，糖 3kg，酱油 22kg，大茴香

0.12kg，姜 1kg。

2. 牛肉松　牛肉 100kg，食盐 2.5kg，白糖 2.5kg，葱末 2kg，姜末 0.12kg，大茴香 1.0kg，白酒 1kg，丁香 0.1kg，味精 0.2kg。

3. 鸡肉松　带骨鸡 100kg，酱油 8.5kg，生姜 0.25kg，砂糖 3kg，精盐 1.5kg，味精 0.15kg，50°高粱酒 0.15kg。

（二）工艺流程

原料肉的选择与整理→配料→煮制→炒压→搓松→炒松→拣松→包装

（三）制作方法

1. 原料肉及其整理　肉松对原料要求较高，可用猪肉、牛肉、鸡肉、兔肉等，但必须剔净皮、脂肪、筋腱等结缔组织，否则不能形成较好的松状。切成 0.5～1kg 的肉块，尽可能避免切断肌纤维，以免成品短茸过多。

2. 煮制　将香辛料制成料包后和肉一起入夹层锅，加与肉等量的水，用蒸汽加热，常压煮制 2～3h，及时撇去油沫、浮沫等。

3. 炒压　肉块煮烂后，改用中火，加入酱油、酒，一边炒一边压碎肉块，然后加入白糖、味精，减少火力，至收汁，并用小火炒压肉丝至肌纤维松散时即可进行炒松。

4. 炒松　肉松中加糖较多易起焦，注意火力，炒松一般采用人工和机械方法结合，先进行人工炒松，略干，转入炒松机至含水量小于 20%，颜色由灰棕色变为金黄色，具有特殊香味时即可结束炒松。

5. 擦松　为了使炒好的松更加蓬松，利用滚筒式擦松机擦松，使肌纤维成绒丝松软状态即可。

6. 跳松　利用机械跳动，使肉松从跳松机上面跳出，而肉粒则从下面落出，使肉松与肉粒分开。

7. 拣松　将肉松中焦块、肉块、粉粒等拣出，提高成品质量，跳松后应进行晾松，保证卫生，准备包装。

8. 包装　肉松吸水性很强，不宜散装，短期储藏，可选用复合膜包装，保藏 3 个月左右，长期储藏多选用玻璃瓶或马口铁罐，也可真空包装，可储藏 6 个月左右。

三、肉脯加工

（一）配方

1. 上海猪肉脯　原料肉 100kg，食盐 2.5kg，硝酸钠 0.05kg，白糖 1kg，高粱酒 2.5kg，味精 0.3kg，白酱油 1.0kg，小苏打 0.01kg。

2. 靖江猪肉脯 原料肉 100kg，酱油 8.5kg，鸡蛋 3kg，白糖 13.5kg，胡椒 0.1kg，味精 0.25kg。

3. 天津牛肉脯 原料肉 100kg，白糖 12kg，白酒 2kg，酱油 5kg，山梨酸钾 0.02kg，精盐 1.5kg，味精 0.2kg，姜 2kg。

（二）工艺流程

原料选择→修割→冷冻→切片→解冻→腌制→摊筛→烧烤→压平→切片→成型→包装

（三）制作方法

1. 原料预处理 一般选新鲜的猪、牛后腿肉，去掉脂肪、结缔组织，顺肌纤维切成 0.5～1kg 大小肉块，要求外形规则。

2. 切片 将修割整齐的肉块移入－12～－10℃的冷库中冷冻，以便切片。冷冻时间以肉块冻层达－5～－3℃为宜。将冻结后的柔顺肌肉纤维切成 1～3mm 肉片，要保持薄厚均匀。

3. 腌制 将粉状辅料混匀后，与切好的肉片拌匀，在不超过 10℃的冷库中腌制 2h 左右。腌制的目的一是入味，二是使肉中盐溶性蛋白尽量溶出，便于在摊筛时使肉片之间粘连。

4. 摊筛 在竹筛或不锈钢筛上涂刷食用植物油，将腌制好的肉片平铺在竹筛上，肉片之间彼此仅靠溶出蛋白粘连成片。

5. 烘干 烘烤的主要目的是促进发色和脱水。在竹筛或不锈钢筛上晾干水后进入炉或烤箱中脱水，熟化、烘烤温度为 55～75℃，时间 2～4h。

6. 熟制 将烘干半成品放在高温下进一步熟化并使质地柔软，产生良好的烧烤味和油润的外观。烘烤温度 200℃左右，烘烤 1～2min，至表面油润。成品中含水量小于 20％，一般 13％～16％为宜。

7. 切片、包装 将烧烤后的肉脯压平，按规格要求切成一定的大小均匀的形状，冷却后及时包装。

实验三十六　油炸肉制品加工

油炸肉制品是指经过加工或挂糊后的肉（包括生原料、半成品、熟制品），或经过干制的生原料，以食用油为加热介质经过高温炸制或烧制或浇淋而制成的熟肉类制品。经过油炸加工的产品具有成品干爽、香溢、外脆里嫩、色泽金黄的特点。

一、油炸猪排

（一）原料配方

带肉猪肋骨和脆骨 100kg，精盐 2kg，酱油 3kg，白糖 1kg，淀粉 13kg，面粉 2.5kg，鸡蛋 1kg，大葱 2kg，鲜姜 0.8kg，味精 0.2kg，五香粉 0.2kg，植物油适量。

（二）工艺流程

原料→预处理→腌制→挂糊→油炸→复炸

（三）制作方法

1. 选料与处理 选用符合卫生检验要求的骨肉比为 1：2 的新鲜带肉肋骨和脆骨，洗净后，从排骨间割开剁成 3～4cm 的小块，用水冲洗干净，沥干水分。

2. 腌制 葱、姜洗净分别榨成汁，放在盆内，再加酱油、精盐、白糖混合均匀，然后放入排骨块搅拌均匀，腌制 30min。

3. 挂糊 将鸡蛋打碎搅匀，倒入腌好的排骨块，翻拌均匀，然后逐块在面粉中粘滚，使排骨块粘匀面粉。

4. 油炸 将植物油加热至 180～200℃，分批投入挂好糊的排骨块，油炸 10～20min，待排骨块表面炸至金黄发脆时捞出，沥油。为了让产品更加酥脆可口，可对炸出的产品进行复炸 1～3min 即可。

二、肯德基油炸鸡

（一）工艺流程

选料→预处理→腌制→拖糊→油炸→成品

（二）操作要领

1. 选料与处理 大小均匀的肉鸡，然后将肉鸡宰杀后分割成鸡翅、鸡腿、鸡胸脯等 7 块。

2. 腌制 将大小均匀的鸡块放入盆中，加入由食盐、姜汁、香料等进行腌制 0.5～1h。

3. 拖糊 将腌制好的鸡块，取出晾干表面的水分，然后取鸡蛋数个与面粉和成全蛋糊，把晾干鸡腿拍上淀粉拖上全蛋糊。

4. 油炸 在自动控制的油炸锅内加入特制的色拉油，把油温调至 120～150℃放入鸡块，控制好温度和压力，炸至金黄色。

实验三十七　香肠制品的加工

香肠制品是以畜禽肉为主要原料，经腌制（或未经腌制），绞碎或斩拌乳化成肉糜状，并混合各种辅料，然后充填入天然肠衣或人造肠衣中成型。根据品种不同再分别经过烘烤、蒸煮、烟熏、冷却或发酵等工序制成产品。

一、天然肠衣的制作

生猪、羊等家畜屠宰后的新鲜肠管，经过加工，除去肠内外各种不需要的组织，剩下一层坚韧的半透明的薄膜，称为肠衣。肠衣皮质坚韧、滑润、有弹性，是灌制各种香肠的好材料。

（一）工艺流程
原料选择→去油、修理→排除内容物→清洗→刮肠→配把→检查→腌渍

（二）制作方法

1. 选肠去油　原肠应采自经兽医检验的健康无病的牲畜，屠宰时取出内脏，割断小肠一头，在其未冷却之前及时去油，以一手抓住小肠，另一手捏住油边慢慢地往下扯，使油与原肠分离，要求肠不破不断，保持完整。

2. 排除肠内容物　扯完油后的原肠尚有一定温度，不能堆积，必须立即将肠内容物捋净。但用劲不能太猛，以免拉断。

3. 清洗　捋净肠内容物后，从原肠的一端灌入清水，放入瓦缸中进行浸洗。使组织松软，以便刮制；浸洗时间一般春、夏、秋季泡 1d 即可，冬天要泡 1d 以上，最多不能超过 3d，同时要坚持每天换水。

5. 刮肠　用刮刀将厚肠从中间向两头或从小头向大头刮制，刮去肠中黏膜和肠皮。注意刮肠的台板面必须平滑、坚硬、无结疤；刮时持刀应平稳均匀，用力不得过重或过轻；对于难刮之处不应强刮，应反复轻刮，以免将肠壁刮破刮伤。在刮制过程中，要用水冲、灌、漂，把色素排尽，遇有破眼部位割断，同时将弯头、破头割去。

6. 配把　在配把时，可根据市场需求对肠衣半成品的规格要求，精心量码、搭配，在量码时，应以肠衣的自然形状为准，不可绷紧量尺。

7. 灌水检查　将已刮好的半成品逐根灌水，发现遗物随即刮去，并将肠头破损部分、大弯头以及不透明之处要割去，色泽不佳者应剔出。

8. 盐渍肠衣法　将配把的肠衣散开，均匀撒上肠衣加工专用盐，每把用量为 750 克；腌渍 1d 后，于次日可主要针对打节处进行第二次撒盐，每把用

量 250g。上盐腌制的肠衣装入瓦缸内，压实贮存，温度为 0～10℃，相对湿度为 85％～90％。腌制好的肠衣可加工使用，也可包装成袋出售，还可进行干制后保存或出售。

二、红肠制作

（一）配方

瘦肉 75kg，脂肪 20kg，淀粉 5kg，味精 200g，大蒜 1kg，胡椒粉 200g，食盐 1.75kg，硝酸钠 15g，干肠衣 100m。

（二）工艺流程

选料→切分→腌制→制馅→灌肠→烘烤→煮制→熏制

（三）制作方法

1. 选料 猪肉和牛肉是红肠的主要原料。羊肉、兔肉、马肉、禽肉等也可做红肠的原料。原料肉必须是健康动物宰杀后经兽医卫生检验合格的肉。最好用新鲜肉或冷却肉。猪肉在红肠生产中一般是用瘦肉和皮下脂肪作为主要原料。牛肉在红肠生产中用瘦肉部分，主要目的是提高红肠的黏着性和色泽，可增加产品弹性和保水性。

2. 肉的切分 皮下脂肪经整理、剔皮后备用。瘦肉按肌肉组织的自然块分开，顺肌纤维方向，切成 100～150g 的小肉块。

3. 肉的腌制 瘦肉每 100kg 肉使用食盐为 3kg，亚硝酸盐为 10g，加 4％的磷酸盐和 1％的抗坏血酸钠。将腌料与肉充分混合进行腌制，腌制的时间为 3d，温度为 0～10℃。脂肪的用盐量为 3％～4％，不加亚硝酸盐，腌制时间为 3～5d，最好的是温度 2～4℃，相对湿度为 90％左右，室内卫生清洁。

4. 制馅 腌好的瘦肉用绞肉机绞成直径为 5～7mm 的肉粒。腌制后的脂肪切成 1cm³ 小块。拌馅在拌馅机中进行，先加入瘦肉和调味料，拌制一定时间后加定量水，继续拌至最后加淀粉和脂肪块，拌制时间为 6～10min。由于机械运转可使肉的温度升高，所以在拌馅时加入凉水或冰水。

5. 灌肠 灌制前，先将肠衣用温水浸泡，再用温水反复冲洗，并检查是否有漏洞。加工厂中一般用灌肠机进行灌装。灌装时松紧要适当，过紧在煮制时容易膨胀，使肠衣破裂；过松煮后肠体出现凹陷变形。灌完后进行放气、拧节，并挂在竿上晾干。

6. 烘烤 经晾干后的红肠送入烤炉内进行烘烤，烘烤温度为 70～80℃，时间为 30min 左右。烘烤至肠衣表面干燥，没有湿感，肠衣呈半透明状，部分透出肉馅的色泽，烘烤均匀一致，肠衣表面或下垂一头无融化的油脂流出。

7. 煮制　煮制方法有两种，一般在肉制品加工厂，采用是蒸汽进行煮制。另一种是水煮法，水温保持在 85℃左右，时间为 30～40min。

8. 熏制　把红肠均匀挂到熏炉内，各层之间相距 10cm 厘米左右，最下一层的灌肠距火堆 1.5m，一定要注意烟熏温度。一般为 35℃～55℃～75℃，梯形升温，熏制的时间为 8～12h。也可以采用烤制的方法进行熟制，温度为 45～65℃，6～12h。

实验三十八　酱卤肉制品加工

一、烧鸡加工

(一) 配方

以 65 只鸡计，约 100kg，食盐 2.5kg，丁香 3g，肉桂 90g，草果 30g，豆蔻 15g，陈皮 30g，良姜 90g，白芷 90g，砂仁 15g。

(二) 工艺流程

选料→宰杀→整理→造型→定型→上色→油炸→调卤→卤煮→产品

(三) 制作方法

1. 选料与处理　选用饲养期八周龄以上体重为 1.5～2kg 的健康鸡。喂水停食 16～24h，采用颈部宰杀法，一刀切断三管。再用 64℃左右的热水浸烫 1～2min，煺尽鸡毛，开膛掏尽内脏、嗉囊和三管，用流水反复冲洗鸡身内外干净洁白。

2. 造型　去毛清洗干净的鸡体造型时，把两腿脚向内侧折转后从腹下刀口处交叉插入体腔内。右翅膀从宰杀刀口向前插入并穿出口腔，往后牵拉头颈，然后翅尖反转咬入口中。而将左翅膀反别在鸡背后，使鸡体呈两端钝圆的椭圆球体。

3. 上色和油炸　沥干的鸡体，用饴糖水或蜂蜜水均匀地涂抹全身，饴糖和水之比通常为 1∶2，稍许沥干，然后将鸡加入 150～180℃的植物油中，翻炸 1～3min，待鸡体呈柿黄色时就取出，油炸时间和温度极为重要，温度达不到时鸡体上色就不好，油炸时必须防止弄破鸡皮。

4. 调卤　根据配方准确称取各种配料，香辛料制成调料包投入卤锅，可溶性调味料、食盐、糖、酱油等直接放入卤锅中，搅拌煮沸，也可用老卤进行调制。

5. 煮制　将鸡放入调好卤汁的锅中，使水面高出鸡体，上面用竹板压住，以防加热时鸡体浮出水面。先用旺火将汤烧开，然后用文火徐徐焖煮至熟，老鸡 2～3h，幼鸡约 1h，出锅捞鸡时要小心，确保鸡形不散不破。

二、酱牛肉

酱牛肉是一种味道鲜美，营养丰富的酱制品，具有色泽褐红，块形大小均匀，肉块烂熟，肉味浓郁，香气扑鼻，无膻味等产品特点。

（一）配方

熟牛肉 100kg，精盐 6kg，面酱 8kg，白酒 0.4kg，葱 1kg，鲜姜 1kg，大蒜 0.1kg，五香粉 0.4kg。

（二）制作方法

1. 原料的选择与处理　选择没有筋腱和肥膘的瘦牛肉，切成 0.5～1kg 的方块，然后将肉块倒入清水中洗涤干净，同时除去肉块儿上面覆盖的薄膜。

2. 烫煮　把肉块放入 100℃的沸水中煮 1h，为了除去腥膻味，可在水中加入几块萝卜。到时把肉块捞出，放在清水中浸洗 5～6 次洗至无血水为止。

3. 卤煮　在锅中加入适量清水，再加入各种调料和漂洗过的牛肉块一起煮制。水温保持在 95℃左右。煮 2h 后将火力减弱，水温降低到 85℃左右，在这个温度继续 2h 左右。这时肉已熟烂，立即出锅，冷却后即得成品。

实验三十九　肉罐头制作

一、红烧扣肉罐头

（一）配方

猪肉 100kg，鲜葱 200g，生姜 200g；汤汁配料：肉汤（3％）100kg，酱油 20.6kg，黄酒 4.5kg，砂糖 6kg，鲜葱 0.45kg，精盐 2.1kg，生姜（切碎）0.45kg，味精 0.15kg。

（二）工艺流程

选料→预处理→预煮→上色、油炸→复炸→配制汤汁→装罐→排气→密封→杀菌→冷却

（三）制作方法

1. 选料　选用检验合格的新鲜五花肉，也可选用前腿肉，但瘦肉厚度不能超过 2cm，肥膘厚度应有 2～3cm。

2. 预煮　锅内加入肉 2 倍的水，沸水下肉，煮制 35～55min。预煮时可加鲜葱及切碎的生姜，及时撇去浮沫，煮至肉皮发软并带有黏性为止。

3. 上色、油炸　经预煮后的肉，先将皮表面的水分擦净，然后在肉皮上

涂抹一层上色液（黄酒 55%、饴糖 35%、酱油 10% 混合而成）。接着在 200~220℃ 的油锅中炸 1min 左右，炸至肉皮呈棕红色并起皱发脆，瘦肉转黄色为佳。稍沥油后立即投入冷水中冷却 1~2min，捞出切片。

4. 复炸 将肉切成薄厚均匀，且大小一致，形状整齐的肉片。放入 180~200℃ 的油锅中炸 30~50min，并不断搅动，炸至肉片切面稍有黄色即可出锅。滤油后，在冷水中冷却 1~2min，立即取出准备装罐。

5. 配制汤汁 配料中除黄酒、味精外，其他配料（不溶的配料可制成料包）放入锅中煮沸 5min，黄酒和味精在临出锅前加入。

6. 装罐浇汁 装罐时肉块要依次排列，皮向上，小块肉应垫在底部，肥瘦度搭配均匀。装好肉后进行加汁，注意留有顶隙。

7. 排气、密封、杀菌 装罐后进行热力排气，罐内中心温度为 60~65℃。真空密封由封罐机来完成。在 121℃ 下，杀菌 65min，杀菌后立即冷却至 40℃ 以下。

二、肉酱罐头

（一）配方

猪肉 10kg（五花肉，肥瘦比 4:6），牛肉 2kg，豆瓣酱 1kg，黄豆酱 1kg，番茄酱 500g，营口大酱 1kg，白芝麻 100g，特鲜酱油 50g，葱、姜、蒜适量。

（二）制作方法

1. 炒酱 现将切好的五花肉炒至出油，再将切好的牛肉丁入锅炒熟，葱、姜、蒜切末炝锅，陆续加入豆瓣酱、黄豆酱、营口大酱、番茄酱以及酱油，最后出锅前加白芝麻。

2. 装罐 将炒好的肉酱装入清洗、消毒、沥干后的罐头瓶中，注意留顶隙。

3. 密封 趁热进行密封。水浴或蒸汽杀菌。

4. 冷却 采取分段冷却法进行冷却。

Part 03 **第三部分**

蛋的检测与加工

实验四十　鲜蛋的检验

一、原理

鲜蛋的检验，要求逐个进行，但由于经营销售的环节多，数量大，往往来不及一一进行检验，故可采取抽样的方法进行检验。对长期冷藏的鲜鸡蛋、化学贮藏蛋，在贮存过程中也应经常进行抽检，发现问题及时处理。

采样数量，在50件以内者，抽检2件；50至100件者，抽检4件；100至500件者，每增加50件增抽1件（所增不足50件者，按50件计）；500件以上者，每增加100件增抽1件（所增不足100件者，按100件计算）。

二、鲜蛋样品的采取

利用禽蛋在放置过程中密度下降，蛋清变稀，气室增大，蛋黄靠壳等原理，对禽蛋的新鲜度进行检测。

三、仪器和试剂

照蛋器、蛋盘、气室测定器、蛋液杯、精密游标卡尺、普通游标卡尺、天平；相对密度为1.080、1.073、1.060和1.050的4种食盐溶液。

四、步骤

1. 蛋的外观鉴定　用肉眼观察蛋的形状、大小、清洁度和蛋壳表面状态及完整性。

（1）新鲜蛋　蛋壳完整、清洁，蛋形正常，无凸凹不平现象。蛋壳颜色正常，壳面覆有霜状粉层（外蛋壳膜）。

（2）陈蛋或变质蛋　壳面污脏，有暗色斑点，外蛋壳膜脱落变为光滑，而且呈暗灰色或青白色。

2. 相对密度鉴定法　鸡蛋的相对密度平均为1.084 5。蛋在存放或贮藏过程中，蛋的水分不断蒸发。水分蒸发的程度与贮藏（或存放）的温度、湿度以及贮藏的时间有关。因此，测定蛋的相对密度可推知蛋的新鲜度。

方法：将蛋放于相对密度1.080（浓度为11％）的食盐溶液中，下沉者认为相对密度大于1.080，评定最新鲜蛋。将上浮蛋再放于相对密度1.073（浓度为10％）食盐溶液中，下沉者为新鲜蛋。将上浮蛋移入相对密度1.060（浓度为8％）食盐溶液中，下沉者为次鲜蛋。将上浮蛋移入相对密度1.050（浓度为 7％）食盐溶液中，上浮者为腐败蛋。但往往霉蛋也会具有新鲜蛋的相对密度，因此，相对密度法应配合其他方法使用。

3. 灯光照检法 利用蛋有透光性的特点来照检蛋内容物的特征，从而评定蛋的质量（表 3-40-1）。

方法：用照蛋器观察蛋内容物的颜色、透光性能、气室大小、蛋黄位置等，有无黑斑或黑块以及蛋壳是否完整。

表 3-40-1 不同品质蛋的光照特征

新鲜程度	特　征
新鲜蛋	蛋内呈均匀的浅红色。不能或微能看到蛋黄暗影，气室很小而不移动，蛋内无任何异点或异块
热伤蛋	蛋白稀薄，蛋黄有火红感，在胚盘附近更明显，气室大
靠黄蛋	蛋白透光程度较差，呈淡暗红色。转动时可见到一个暗红色影子始终上浮靠近蛋壳。气室较大
贴壳蛋	蛋黄贴在蛋壳上，是靠黄蛋进一步发展的结果，蛋白稀薄，透光较差。蛋内呈暗红色，转动时有一不动的暗影贴在蛋壳上。但有时稍转动蛋后暗影（蛋黄）则与蛋壳离开而上浮，此为轻度贴壳蛋；否则为重度贴壳蛋
散黄蛋	气室大小不一，如果属细菌散黄，气室则大。散黄原因属机械振动，气室则小。散黄蛋光照时内容物呈云雾状，透光性较差
霉蛋	某部有不透光的黑点或黑斑，蛋白稀浓情况不一，气室大小不一。蛋黄有的完整，有的破裂
老黑蛋	这类蛋的壳面呈大理石花纹状。除气室透光外，全部不透光
孵化蛋	蛋内呈暗红色，有黑色移动影子，影子大小决定于孵化天数。有血丝呈网状

4. 气室大小的测定 蛋在存放过程中，由于蛋内水分的蒸发，气室随着而增大。故测定气室的大小是判断蛋新鲜度的指标之一。

方法：表示蛋气室大小的方法有 2 种，即气室的高度和气室的底部直径大小。

气室的高度用测定规尺测量（表 3-40-2）。将蛋的大头向上置于规尺半圆形切口内，读出气室两端各落在规尺刻度线上的刻度数，然后按下式计算：

$$H = \frac{H_1 + H_2}{2}$$

式中：H 代表气室高度，mm；

　　　H_1 代表气室左边的高度，mm；

H_2 代表气室右边的高度，mm。

另一种方法是用游标卡尺量气室底的直径。

表 3-40-2　不同品质蛋的气室高度

新鲜程度	特　征
最新鲜蛋	气室高度在 3mm 以下
新鲜蛋	气室高度在 5mm 以内
普通蛋	气室高度在 10mm 以内
可食蛋	气室高度在 10mm 以上

5. 内容物的感官鉴定　蛋内容物的感官鉴定是加工蛋制品时必需的而且是很重要的。

方法：将蛋用适当的力量于打蛋刀上靠一下，注意不要把蛋黄膜碰破。切口应在蛋的中间，使打开后的蛋壳约为两等份。倒出蛋液于水平面位置的打蛋台玻璃板上进行观察（表 3-40-3）。

表 3-40-3　不同品质蛋液的特征

新鲜程度	特　征
新鲜蛋	蛋白浓厚而包围在蛋黄的周围，稀蛋白极少。蛋黄高高凸起，系带坚固而有弹性
胚胎发育蛋	蛋白稀，胚盘比原来的增大。蛋黄膜松弛，蛋黄扁平。系带细而无弹性
靠黄蛋	蛋白较稀，系带很细，蛋黄扁平，无异味
贴壳蛋	蛋白稀，系带很细，轻度贴壳时，打开蛋后蛋黄扁平，但很快蛋黄膜自行破裂而散黄。重度贴壳时，蛋黄则破裂而成散蛋黄。无异味
散黄蛋	蛋白和蛋黄混合，浓蛋白极少或没有。轻度散黄者无异味
霉蛋	除了蛋内有黑点或黑斑外，蛋内容物有的无变化，具备新鲜蛋的特征。有的则稀蛋白多，蛋黄扁平，无异味
老黑蛋	打开后有臭味
异物蛋	打开后具备新鲜蛋的特征，但有异物如血块、肉块等
异味蛋	打开后具备新鲜蛋的特征，但有蒜味、葱味、酒味以及其他植物味
孵化蛋	打开后看到有发育不全的胚胎及血丝

6. 蛋黄指数的测定　蛋黄指数是表示蛋黄体积增大的程度（表 3-40-4）。蛋愈陈，蛋黄指数愈小。新鲜蛋，蛋黄指数为 0.4～0.44。蛋黄指数达 0.25

时，打开即成散蛋黄。

蛋黄指数＝蛋黄高度/蛋黄宽度

方法：将蛋打开倒于打蛋台的玻璃板上，用高度游标卡尺和普通游标卡尺分别量蛋黄高度和宽度，以卡尺刚接触蛋黄膜为松紧适度。

表 3-40-4　不同品质蛋的蛋黄指数

新鲜程度	特　征
新鲜蛋	蛋黄指数为 0.4 以上
普通蛋	蛋黄指数为 0.35～0.4
可食蛋	蛋黄指数为 0.3～0.35

7. 蛋 pH 的测定

（1）原理　蛋在储存时，由于蛋内 CO_2 逸放，加之蛋白质在微生物和自溶酶的作用下不断分解，产生氮及氨态化合物，使蛋内 pH 向碱性方向变化。

（2）操作方法　将蛋打开，取 1 份蛋白（全蛋或蛋黄）与 9 份水混匀，用酸度计测定 pH。

（3）判定标准　新鲜鸡蛋的 pH 为：蛋白 7.3～8.0，全蛋 6.7～7.1，蛋黄 6.2～6.6。

实验四十一　松花蛋加工

一、浸泡变蛋加工

1. 原料蛋的选择　加工变蛋的原料蛋须经照蛋和敲蛋逐个严格挑选。

（1）照蛋　加工变蛋的原料蛋用灯光透视时，气室高度不得高于 9mm，整个蛋内容物呈均匀一致的微红色，蛋黄不见或略见暗影，胚珠无发育现象。转动蛋时，可略见蛋黄也随之转动。次蛋，如破损黄、热伤蛋等均不宜加工变蛋。

（2）敲蛋　经过照蛋挑选出来的合格鲜蛋，还需检查蛋壳完整与否，厚薄程度以及结构有无异常。裂纹蛋、沙壳蛋、油壳蛋都不能作变蛋加工的原料。此外，敲蛋时，还根据蛋的大小进行分级。

2. 辅料的选择

（1）生石灰　要求色白、重量轻、块大、质纯，有效氧化钙的含量不低于 75%。

（2）纯碱（Na_2CO_3）　纯碱要求色白、粉细，含碳酸钠在 96% 以上。不宜用普通黄色的"老碱"，若用存放过久的"老碱"，应先在锅中灼热处理，以除去水分和二氧化碳。

（3）茶叶　选用新鲜红茶或茶末为佳。

（4）硫酸铜或硫酸锌　选用食品级或纯的硫酸铜或硫酸锌。

（5）其他　黄土取深层、无异味的。取后晒干、敲碎过筛备用。稻壳要求金黄干净，无霉变。

3. 配料　鸡蛋10kg，碱面0.8kg，生石灰3kg，食盐0.6kg，茶叶0.4kg，黄丹粉20g，水11kg。先将碱、盐放入缸中，将熬好的茶汁倒入缸内，搅拌均匀，再分批投入生石灰，及时搅拌，使其反应完全，待料液温度降至50℃左右将硫酸铜（锌）化水倒入缸内（不用黄丹粉时选用），捞出不溶石灰块并补加等量石灰，冷却后备用。

4. 料液碱度的检验　用刻度吸管吸取澄清料液4mL，注入300mL的三角瓶中，加入100mL氯化钡溶液的粉红色恰好消退为止，消耗1mol/L盐酸标准溶液的毫升数即相当于氢氧化钠含量的百分数。料液中的氢氧化钠含量要求达到4％左右。若浓度过高应加水稀释，若浓度过低应加烧碱提高料液的NaOH浓度。

5. 装缸、灌料泡制　将检验合格的蛋装入缸内，用竹篦盖封，将检验合格冷却的料液在不停搅拌下徐徐倒入缸内，使蛋全部浸泡在料液中。

6. 成熟　灌料后要保持室温在16～28℃，最适温度为20～25℃，浸泡时间为25～40d。在此期间要进行3～4次检查。出缸前取数枚变蛋，用手颠抛，变蛋回到手心时有震动感。用灯光透视蛋内呈灰黑色。剥壳检查蛋白凝固光滑，不黏壳，呈黑绿色，蛋黄中央呈溏心即可出缸。

7. 包装　变蛋的包装有传统的涂泥包糠法和现在的涂膜包装法。

（1）涂泥包糠　用残料液加黄土调成糯糊状，包泥时用刮泥刀取40～50g的黄泥及稻壳，使变蛋全部被泥糠包埋，放在缸里或塑料袋内密封贮存。

（2）涂膜包装　用液体石蜡或固体石蜡等作涂膜剂，喷涂在变蛋上（固体石蜡需先加热熔化后喷涂或涂刷），待晾干后，再封装在塑料袋内贮存。

二、包泥变蛋加工

1. 料泥的配制　鸡蛋10kg，碱面0.6kg，生石灰1.5kg，草木灰1.5kg，食盐0.2kg，茶叶0.2kg，黄丹粉12g，干黄土3kg，水4kg。配制时先将茶叶泡开，再将生石灰投入茶汁内化开，捞除石灰渣，并补足生石灰，然后加入纯碱、食盐搅拌均匀，最后加入草木灰和黄土，充分搅拌。待料泥起黏无块后，冷却。将冷却成硬块的料泥全部放入石臼或木桶内用木棒反复锤打，边打边翻，直到捣成黏糊状为止。

2. 料泥的简易测定 取料泥一小块放于平皿上，表面抹平，再取蛋白少许滴在料泥上，10min 若蛋白凝固并有粒状或片状带黏性的感觉，说明料泥正常可以使用。若不凝固，则料泥碱性不足。如有粉末感觉，说明料泥碱性过大。

3. 包泥滚糠 一般料泥用量为蛋重的 65%～67%。包料要均匀，包好后滚上糠，放入缸中。

4. 封缸 用两层塑料薄膜盖住缸口，不能漏气，缸上贴上标签，注明时间、批次、数量、级别、加工代号等。

5. 成熟 春秋季一般 30～40d 可成熟，夏季一般 20～30d 可成熟。

实验四十二 咸蛋加工

一、草灰咸蛋

1. 配料 鸭蛋 1 000 枚，草木灰 20kg，食盐 6kg，干黄土 1.5kg，水 18kg。

2. 工艺 先将食盐和水放入拌料缸内，经搅拌使食盐溶化后，再分批加入筛过的草木灰和黄土，搅拌均匀至灰浆发黏为止。将检验合格的蛋放在灰浆内翻滚一周，使蛋壳表面均匀沾上灰浆后，取出放入灰盘内滚上一层干灰，用手将灰料捏紧后放入缸或塑料袋中，封口，置阴凉通风的室内 30～40d 即为成品。

二、黄泥咸蛋

1. 配料 鸭蛋 1 000 枚，食盐 7.5kg，干黄土 8.5kg，水 4kg。

2. 工艺 将黄土捣碎过筛后，与食盐和水放入拌料缸内，用木棒充分搅拌成稀薄的堆状，其标准以一个鸭蛋放进泥浆，一半浮在泥浆上面，一半浸在泥浆内为合适，将检验合格的蛋放于泥浆中，使蛋壳全部沾满泥浆后，取出放入缸或塑料袋中，最后将剩余的泥浆倒在蛋上，盖好盖子封口，存放 30～40d 即为成品。

三、质量鉴定

1. 透视检验 抽取腌制到期的咸蛋，洗净后放到照蛋器上，用灯光透视检验。腌制好的咸蛋透视时，蛋内澄清透光，蛋白清澈如水，蛋黄鲜红并靠近蛋壳。将蛋转动时，蛋黄随之转动。

2. 摇动检验　将咸蛋握在手中，放在耳边轻轻摇动，感到蛋白流动，并有拍水的声响是成熟的咸蛋。

3. 除壳检验　取咸蛋样品，洗净后打开蛋壳，倒入盘内，观察其组织状态，成熟良好的咸蛋，蛋白与蛋黄分明，蛋白呈水样，无色透明，蛋黄坚实，呈珠红色。

4. 煮制剖视　品质好的咸蛋，煮熟后蛋壳完整，煮蛋的水洁净透明，煮熟的咸蛋，用刀沿纵面切开观察，成熟的咸蛋蛋白鲜嫩洁白，蛋黄坚实，呈珠红色，周围有露水状的油珠，品尝时咸淡适中，鲜美可品，蛋黄发沙。

附　　录

附录一　常用药品的配制和标定

一、配制和标定氢氧化钠标准溶液

C（NaOH）＝1.0mol/L

C（NaOH）＝0.5mol/L

C（NaOH）＝0.1mol/L

1. 配制氢氧化钠标准溶液

（1）配制 NaOH 饱和溶液　称取 120g NaOH 溶于 100mL 水中，摇匀，倒入聚乙烯容器中，密闭放置至溶液清亮（大约 3d）。

（2）配制 NaOH 规定浓度溶液　用吸管吸取下列表规定体积的上层清液，注入 1 000mL 无 CO_2 的水中，摇匀。

C（NaOH）（mol/L）	1	0.5	0.1
NaOH 饱和溶液（mL）	54	27	5.4

2. 标定氢氧化钠标准溶液

（1）测定方法　按下列表的规定量，称取基准邻苯二甲酸氢钾（于 105～110℃烘 2～3h 至恒重，有机纯），称准至 0.000 1g，溶于规定体积的无 CO_2 水中，加 2 滴 1％的酚酞指示剂，用配制好的 NaOH 溶液滴定至溶液呈粉红色。

空白实验：取规定体积的无 CO_2 水，加入 2 滴 1％酚酞指示剂，用配制好的 NaOH 溶液滴定。

C（NaOH）（mol/L）	1	0.5	0.1
基准邻苯二甲酸氢钾（g）	7.5	3.6	0.75
无 CO_2 水（mL）	80	80	50

（2）计算　氢氧化钠标准溶液浓度应按下式计算：

$$C（NaOH）＝\frac{m}{(V-V_0) \times 0.204\,2}$$

式中：C（NaOH）代表氢氧化钠标准溶液浓度，mol/L；

V 代表消耗氢氧化钠的量，mL；

V_0 代表空白实验消耗氢氧化钠的量，mL；

m 代表邻苯二甲酸氢钾的质量，g；

0.204 2 代表邻苯二甲酸氢钾的摩尔质量，kg/mol。

3. 注意事项

（1）溶液配制后放置 1d 再标定。

（2）必须取上层清液。

（3）必须做空白实验。

二、配制和标定盐酸标准溶液

C（HCl）＝1mol/L

C（HCl）＝0.5mol/L

C（HCl）＝0.1mol/L

1. 配制盐酸标准溶液　按下列表量取规定体积的浓盐酸，注入 1 000mL 水中，摇匀。

C（HCl）（mol/L）	1	0.5	0.1
浓 HCl（mL）	90	45	9

2. 标定盐酸标准溶液

（1）测定方法　称取下列表规定量的基准无水碳酸钠（于 270～300℃灼烧 2～3h 至恒重），称准至 0.000 1g，溶于 50mL 水中，加 10 滴溴甲酚绿-甲基红混合指示剂，用配制好的盐酸溶液滴定至溶液由蓝绿色变为暗红色，再煮沸 2min，冷却后，继续滴定至溶液再呈暗红色。同时作空白实验。

C（HCl）（mol/L）	1	0.5	0.1
基准无水碳酸钠（g）	1.9	0.95	0.2
无 CO_2 水（mL）	50	50	50

（2）计算　盐酸标准溶液浓度应按下式计算：

$$C（HCl）=\frac{2m}{(V-V_0)\times0.105\,98}$$

式中：C（HCl）代表盐酸标准溶液浓度，mol/L；

V 代表消耗盐酸的量，mL；

V_0 代表空白实验消耗盐酸的量，mL；

m 代表无水碳酸钠的质量，g；

0. 105 98 代表无水碳酸钠的摩尔质量，kg/mol。

3. 注意事项

(1) 滴定过程中需煮沸 2min。

(2) 指示剂的用量。

(3) 必须做空白实验。

(4) 溴甲酚绿-甲基红混合指示剂　3 份 1g/L 的溴甲酚绿乙醇溶液与 1 份 2g/L 的甲基红乙醇溶液混合。

三、配制和标定硝酸银标准溶液

C（$AgNO_3$）＝0.1mol/L

1. 配制硝酸银标准溶液

(1) 硝酸银溶液　称取 17.5g 硝酸银，溶于 1 000mL 水中，摇匀，溶液保存于棕色瓶中。

(2) 铬酸钾指示剂　称取 10g 铬酸钾，溶于 100mL 水中，摇匀，溶液保存于棕色瓶中。

2. 标定硝酸银标准溶液

(1) 测定方法　称取 0.2g 基准氯化钠（于 550～600℃干燥至恒重），称准至 0.000 1g，溶于 30mL 水中，加入 0.5mL 铬酸钾指示剂，边摇动边用硝酸银标准溶液滴定至溶液由黄色变为砖红色。同时作空白实验。

(2) 计算　硝酸银标准溶液浓度应按下式计算：

$$C（AgNO_3）＝\frac{m}{(V-V_0) \times 0.058\ 44}$$

式中：C（$AgNO_3$）代表硝酸银标准溶液浓度，mol/L；

　　　　V 代表消耗硝酸银的量，mL；

　　　　V_0 代表空白实验消耗硝酸银的量，mL；

　　　　m 代表氯化钠的质量，g；

　　　　0. 058 44 代表氯化钠的摩尔质量，kg/mol。

附录二　实验室常识

一、实验室规章制度

(1) 严格遵守实验纪律，不迟到、不早退。

（2）实验室内严禁饮食，实验使用各种化学试剂均不得入口。

（3）实验室内物品要摆放整齐，试剂要有明晰的标签。

（4）爱护仪器不随便摆弄，不浪费试剂，节约水电。

（5）实验前，要认真检查实验仪器是否齐全，如发现短缺或破损应及时报告并补充。

（6）公用仪器如有损坏，应自行登记，并及时报告指导老师。

（7）用过的废液等应倒入废液桶，切勿倒入水池内。

（8）实验室保持整齐清洁，离开实验室时，应检查水、电、门窗等是否关闭。

二、实验室安全守则

（1）实验前要了解电源、消防栓、灭火器等的位置及正确的使用方法。

（2）使用电器设备时，切不可用湿润的手去开启电闸和电器开关。水、电使用完毕后，应立即关闭。停电时应将所有的设备电源断开，以免来电时电压不稳损坏设备。

（3）使用酒精、乙醚等易燃有机溶剂时，要远离火源和热源，用后盖紧瓶塞，置阴凉处存放。酒精、乙醚等着火，应立即用湿布或沙土扑灭；电器设备着火，必须先切断电源，再用 CCl_4 灭火器灭火。

（4）烫伤时，用高锰酸钾或苦味酸溶液揩拭灼伤处，再擦上烫伤膏等。

（5）眼睛、皮肤溅上强酸、强碱，立即用大量水冲洗，然后相应地用碳酸氢钠溶液或硼酸溶液冲洗，最后再用水冲洗。

（6）吸入氯、氯化氢等，可立即吸入少量酒精和乙醚的混合蒸汽解毒；若吸入硫化氢而感到不适时，应立即到室外呼吸新鲜空气。

（7）开启存有挥发性药品的瓶塞时，瓶口须指向无人处，以免液体喷溅而招致伤害。如遇到瓶塞不易开启时，必须注意瓶内贮物的性质，切不可贸然用火加热或乱敲瓶塞。

（8）浓 HNO_3、浓 NH_3（H_2O）、浓 H_2SO_4 等试剂常产生易挥发的有毒或强腐蚀气体，开瓶塞时应在通风橱中进行操作。

三、实验注意事项

（1）实验前认真预习实验内容，了解实验目的、原理、操作步骤及实验时的注意事项，设计出实验方案。

（2）做好检样的登记、编号，明确检验目的，不符合要求的样品必要时应重新采样。

（3）实验试剂用完应立即盖严放回原处。多余试剂切勿倒回试剂瓶。注意瓶塞切勿张冠李戴。

（4）操作时勿使药品试剂洒在实验台面和地面，保持实验台面和药品架整洁。实验完毕后，将药品试剂排列整齐，仪器设备恢复原状。

（5）实验时，将观察到的现象和实验原始数据认真、如实、简练、详尽地记录在记录本上，不得记在散页纸上。记录本不得撕去任何一页，更不要擦抹及涂改，写错时可划去重写。定量分析实验中测得的数据，如称量物的重量、滴定管的读数，应根据仪器的精确度准确记录有效数字。如果发现记录的结果有怀疑、遗漏、丢失等，须重做实验。

（6）实验时如有问题发生，应首先用自己学过的知识，独立思考解决，培养独立分析问题和解决问题的能力，如不能独立解决再与指导老师共同讨论研究。

（7）实验结束后，应及时整理和总结实验结果，写出实验报告。

参 考 文 献

陈志，2006. 乳品加工技术［M］. 北京：化学工业出版社.

葛长荣，马美湖，2007. 肉与肉制品工艺学［M］. 北京：中国轻工业出版社.

孔保华，马丽珍，2003. 肉品科学与技术［M］. 北京：中国轻工业出版社.

马兆瑞，秦立虎，2010. 现代乳制品加工技术［M］. 北京：中国轻工业出版社.

彭增起，蒋爱民，2014. 畜产品加工学实验指导［M］. 北京：中国农业出版社.

岳喜庆，2014. 畜产食品加工学［M］. 北京：中国轻工业出版社.

郑坚强，2007. 蛋制品加工工艺与配方［M］. 北京：化学工业出版社.

图书在版编目（CIP）数据

畜产品加工学实验指导 / 马惠茹，朱效兵，郭淑文
编著 . —北京：中国农业出版社，2021.1
ISBN 978-7-109-27811-0

Ⅰ. ①畜… Ⅱ. ①马… ②朱… ③郭… Ⅲ. ①畜产品
－食品加工－实验 Ⅳ. ①TS251-33

中国版本图书馆 CIP 数据核字（2021）第 020180 号

畜产品加工学实验指导
XUCHANPIN JIAGONGXUE SHIYAN ZHIDAO

中国农业出版社出版
地址：北京市朝阳区麦子店街 18 号楼
邮编：100125
责任编辑：肖　邦
版式设计：杜　然　责任校对：赵　硕
印刷：北京中兴印刷有限公司
版次：2021 年 1 月第 1 版
印次：2021 年 1 月北京第 1 次印刷
发行：新华书店北京发行所
开本：720mm×960mm　1/16
印张：8.75
字数：150 千字
定价：45.00 元